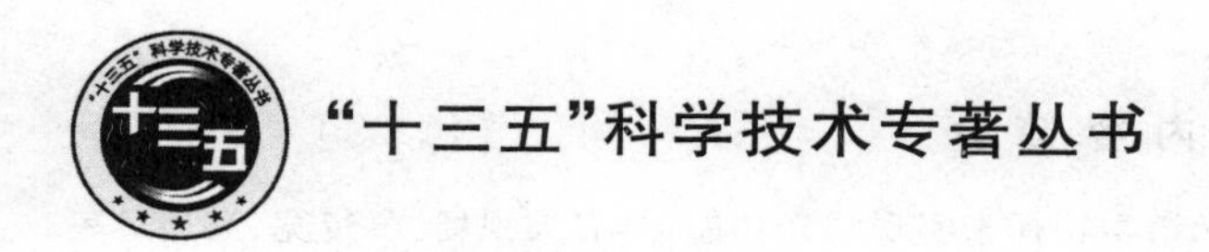

原子滤光器原理及技术

Principle and Technology of Atomic Filter

罗　斌　编著

北京邮电大学出版社
www.buptpress.com

内 容 简 介

原子滤光器利用原子的共振跃迁的精细光谱学特征来实现滤光功能，具有大视场、窄带宽、高透过率的特点，为超窄带滤光技术提供了一种新的实现途径，在对日观测、激光频率锁定、激光通信、激光雷达和量子光学等诸多方面形成了很多新的应用。本书从基本概念、基础理论、主要类型等多个角度对原子滤光器技术进行了全面介绍，并展示了原子滤光器的最新进展和主要应用情况。本书可作为从事经典光学和量子光学领域的研究人员的参考用书。

图书在版编目(CIP)数据

原子滤光器原理及技术 / 罗斌编著. -- 北京:北京邮电大学出版社，2018.9
ISBN 978-7-5635-5595-6

Ⅰ. ①原… Ⅱ. ①罗… Ⅲ. ①滤光器—研究 Ⅳ. ①TH74②TN248

中国版本图书馆 CIP 数据核字(2018)第 215952 号

书　　名：原子滤光器原理及技术
责任编辑：姚　顺　陈德芳
出版发行：北京邮电大学出版社
社　　址：北京市海淀区西土城路 10 号(邮编:100876)
发 行 部：电话:010-62282185　传真:010-62283578
E-mail：publish@bupt.edu.cn
经　　销：各地新华书店
印　　刷：北京玺诚印务有限公司
开　　本：787 mm×1 092 mm　1/16
印　　张：8.5
字　　数：207 千字
版　　次：2018 年 9 月第 1 版　2018 年 9 月第 1 次印刷

ISBN 978-7-5635-5595-6　　定　价:35.00 元

前　言

原子滤光器是量子光学研究的一个小的分支，利用原子的共振跃迁的精细光谱学特征来实现滤光功能，具有大视场、窄带宽、高透率的特点，它的提出和发展为超窄带滤光技术提供了一种新的实现途径。早期的原子滤光器主要是"吸收-再发射"型的原子共振滤光器。从20世纪80年代起，利用旋光效应的滤光器逐步成为主流。1995年，激发态Faraday反常色散滤光器的提出和实现极大地拓展了原子滤光器的工作波长范围。随着技术的发展，原子滤光器在对日观测、激光频率锁定、激光通信、激光雷达和量子光学等方面不断发挥新的作用。本书从基本概念、基础理论、主要类型、最新进展和主要应用等多个角度对原子滤光器技术进行了全面介绍。

全书共分8章，第1章简单介绍了原子滤光器的基本概念、历史发展、主要类型及其典型应用。第2章列举了理解和研究原子滤光器性质所需要的光和原子相互作用的基础理论，包括所需要的量子力学基础、原子能级结构的基本概念及原子滤光器常用元素的能级性质、光与原子相互作用的半经典理论框架、吸收与色散的微观解释等。第3章到第6章介绍原子滤光器的主要类型及其技术实现。其中，第3章介绍原子共振滤光器的基本原理、主要性质和一些代表性工作；第4章介绍应用最为广泛的磁致双折射旋光型原子滤光器，包括Faraday型和Voigt两大类，以Faraday型为例详细介绍了原子滤光器的典型理论计算方法，并对两种磁致双折射原子滤光器的性能进行了比较；第5章介绍激发态原子滤光器的技术实现，并就其光学泵浦方式进行了讨论；第6章介绍光致双折射型原子滤光器，并与磁致双折射型进行了实验比较。第7章介绍原子滤光器的最新进展，主要包括激发态原子滤光器的新型泵浦方式、线宽压窄手段和最新提出的分子滤光器实现。第8章举例介绍了原子滤光器的典型应用，包括激光频率锁定、激光通信、激光雷达以及在量子技术等方面的应用。

北京大学的郭弘教授和陈景标教授对本书的编写提出了大量宝贵的建议，北京邮电大学的尹龙飞和吴国华老师为本书做了很多审阅修改工作，在此一并表示衷心感谢。同时，本书得到了国家自然科学基金面上项目(61771067)，国家自然科学基金青年基金项目(61401036)的支持。

由于编者水平有限，谬误之处在所难免，恳请国内同行及广大读者批评、指正。

作　者

2018年夏于北京邮电大学

前言

目　录

第1章 原子滤光器概述

滤光器或滤光片是一种基本的光学元件,在光学系统中往往起到重要的作用。传统的带通滤光器件的基础是光学干涉,其根本原理是利用不同波长的光的折射率不同所导致的群速度不同,从而利用空间或偏振等维度将不同波长的光分离出来。滤光器件的主要实现方式大致有空间干涉式和双折射两种,其代表有光栅、F-P (Fabry-Perot) 腔和 Lyot 滤光器等几种典型实现。其中,光栅的波长分辨能力有限,很难实现超窄带(pm 及以下)滤光。F-P 腔和干涉滤光片都是利用空间干涉原理,高 Q 值的 F-P 腔能够实现非常窄的带宽,但是其透射率和稳定性也会急剧下降。Lyot 型滤光器是双折射型滤光器的一种,利用晶体的双折射效应进行滤光,双折射滤光器的透射谱线本质上决定于光线经过各级晶体后形成的光程差,当光程差受误差的影响与设计值出现偏差时,将会引起其中心透射率下降、透射中心波长漂移等问题。原子滤光器的提出和发展为超窄带滤光技术提供了一种新的实现途径。

1.1 原子滤光器的概念

原子滤光器是一类利用原子的共振跃迁的光谱学特征来实现滤光功能的器件的统称,主要有以下两大类实现方法。

一种是"吸收-再发射"型,由于历史原因,一般称其为原子共振滤光器 (Atomic Resonance Filter)。这种滤光器于 20 世纪 70 年代后期提出,一度是原子滤光器研究的主流。20 世纪 50 年代,非线性光学创始人 N. Bloembergen 用非线性过程设计了红外量子计数器(Infrared Quantum Counter),使用掺杂的晶体,通过参量过程吸收长波光子再释放可见光来实现低噪声红外探测。到 20 世纪 70 年代,其工作介质已经广泛地替换为性能更好的原子气体。1977 年,美国 Aerospace Corporation 的 J. Gelbwachs 等人在此基础上设计了第一个原子共振滤光器[1]。原子共振滤光器的基本原理如图 1-1 所示,在原子气室的两边分别放置两个滤光片:入射端为高通且只允许长波长光通过;出射端则为低通且只允许短波长光通过。利用原子介质的非线性频率转换,将目标波长的光从长波转换成短波,从而能够通过滤光器,而其他波长的光则被两个滤光片之一滤掉,从而实现滤光。这种滤光器在 20 世纪 80 年代取得了很多的研究成果,主要应用于抗太阳背景光辐射的相关工作中[2-10]。

另一种是基于旋光效应的滤光器,其基本原理等同于 Lyot 滤光器,也是通过波长选择的 Faraday 效应,只是将其双折射介质更改为原子气室,具有极窄的透过带宽。常用的原子滤光器是 Faraday 反常色散原子滤光器 (FADOF)[11],其基本原理如图 1-2 所示,原子气室中充满原子气体,前后放置一对偏振方向互相垂直的偏振片,入射光的方向平行于静磁场 B 的方向,根据 Faraday 旋光效应,合理设定原子气室长度、温度和磁场强度,可以使近共振的

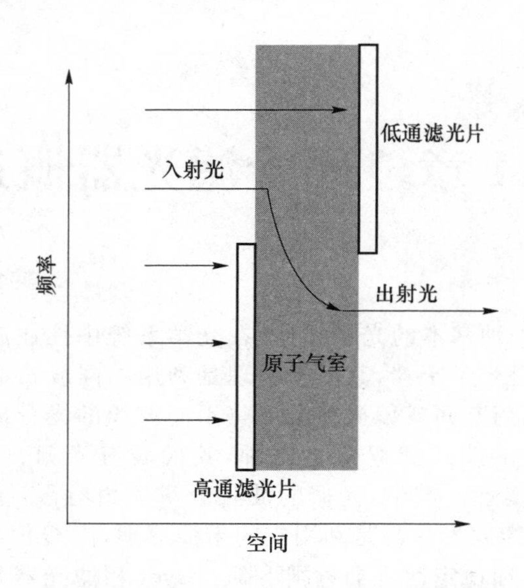

图 1-1　原子共振滤光器的基本原理示意

入射光刚好偏转 90°并通过出射端偏振片。其他波长的光则不产生 Faraday 旋光效应，被出射端偏振片隔离，从而实现滤光。FADOF 的滤光带宽一般为原子的 Doppler 展宽，通常为 GHz 或更窄。FADOF 中的磁场方向与光的传播方向平行，后来又提出了磁场方向垂直于入射光方向的设计[12]，被称为 Voigt 滤光器。由于其基本原理与 FADOF 极为接近，此处不再详述。进一步，1995 年，激发态 FADOF 的实现极大地拓展了 FADOF 的工作波长范围[13]。这种方案能够利用原子的高能级间跃迁，基本原理与 FADOF 完全相同，在设计实现上则受到泵浦激光器的技术限制。

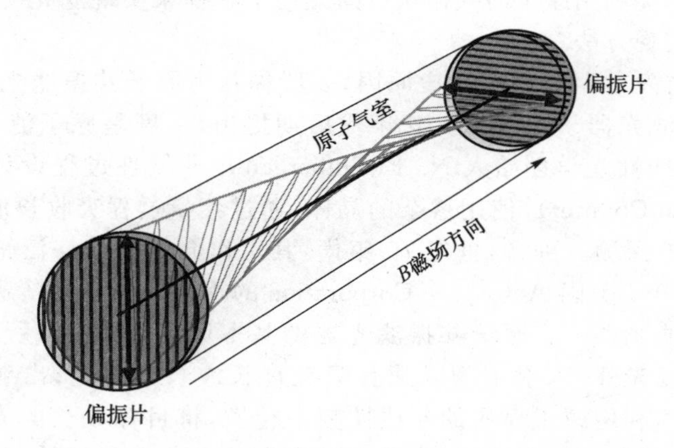

图 1-2　FADOF 基本结构

1.2　原子滤光器的历史发展

原子共振滤光器和 FADOF 的研究进程，从时间顺序上看基本是一种继承性的关系。原子共振滤光器的研究基本上处于 20 世纪 80 年代到 90 年代初期，而 FADOF 的相关研究工作在 20 世纪 90 年代初期便产生了大量的主要研究成果，并一直持续到 21 世纪。下面简述原子滤光器的发展历程。

1.2.1 原子共振滤光器

原子共振滤光器实验实现的标志工作为美国 Aerospace Corporation 的 J. Gelbwachs 等人在 Na 原子中的实验[1]，其基本结构和成果如图 1-3 所示，利用 330 nm 激光器将钠原子泵浦到 4P 能级上，实现吸收—发射波长分别为 3.42 μm→616 nm，2.34 μm→569 nm，1.48 μm→498 nm 的波长转换，从而利用高性能可见光探测器，实现对红外波段光子的探测。尽管这一报道中并没有特别强调其“滤光”效果，其实验架构和基本思想与原子共振滤光器已经没有区别。随后，J. Gelbwachs 及其合作者进行了大量针对原子共振滤光器的研究工作。

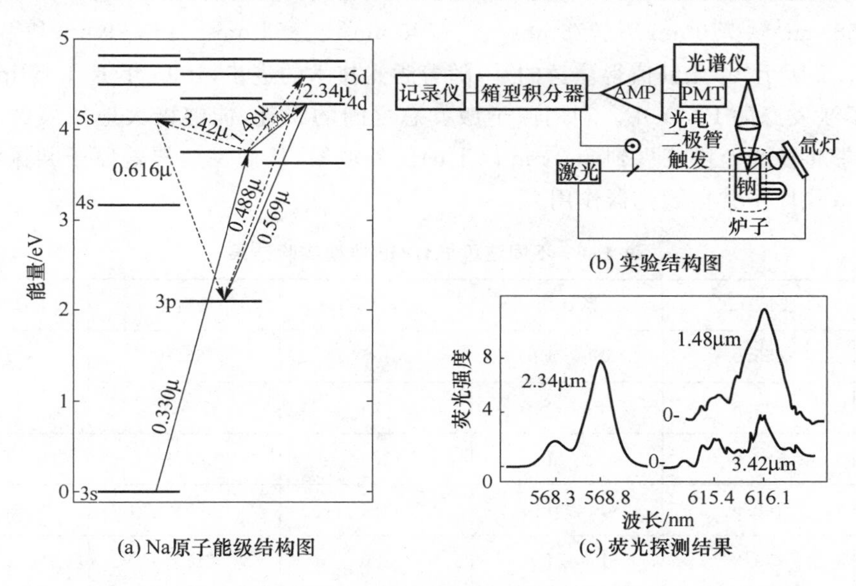

(a) Na原子能级结构图　(b) 实验结构图　(c) 荧光探测结果

图 1-3　原子气体量子计数器

此报道后不久的 1979 年，美国劳伦斯·利弗摩尔（Lawrence Livermore）实验室的 J. B. Marling 等人以“利用原子共振跃迁的高 Q 值各向同性滤光器”为题，正式提出了这种波长转换机制在滤光器方面的应用，并在 K、Rb、Cs 等原子中实现了 pm 级的滤光带宽[11]。这一报道与 J. Gelbwachs 等人的工作应该是相互独立的，也被认为是原子滤光器的开创性工作。

20 世纪 80 年代，以 J. Gelbwachs 和洛斯·阿拉莫斯（Los Alamos）国家实验室的 T. M. Shay 等人为主，进行了一些原子共振滤光器的探索研究[15]。80 年代末期到 90 年代初期出现了较多的实验报道，研究集中在结构设计和探测方式上。我国在该方面的研究报道开始于 1991 年，总体来说工作不多，主要是北京大学和哈尔滨工业大学等单位的一些实验结果。1993 年之后，该方面公开报道的文献基本陷于停滞。

1.2.2 Faraday 反常色散原子滤光器

一方面，由于原子共振滤光器主要采用荧光搜集和探测，加之响应时间受到原子自发辐射速率的限制而只能达到 MHz 水平，因此没有获得很好的发展。另一方面，利用近共振

Faraday 旋光效应及其滤光功能的相关研究历史则悠久得多。在量子力学草创阶段，就已经知道 Faraday 旋光效应在近共振频率能得到极大的增强，其旋光机制的理论分析由 W. Kuhn 在 1926 年就已经基本完成。1956 年，Y. Öhman 提出了利用两个偏振方向垂直的偏振片结合原子共振 Faraday 效应来进行滤光的方法[11]，这就是 FADOF 的基本结构。在 20 世纪 60 年代，原子共振 Faraday 效应已经应用于激光器频率锁定等，并明确地提出了"Faraday Filter"的概念[16-19]。但直到 1982 年，才正式由 P. Yeh 严格建立了相关理论架构[20]，并进一步由 T. M. Shay 等人于 20 世纪 90 年代初期重新挖掘了其在光学观测和光通信中的作用，并确定了 FADOF 的名称[21-26]。

FADOF 的主要研究进展在 20 世纪 90 年代至 21 世纪初，在实验上已经实现了 455 nm[27]、532 nm[13]、589 nm[28]、770 nm[29]、776 nm[30,31]、780 nm[22]、852 nm[32]、1 529 nm[33,34]的 FADOF（如表 1.1 所示）。尤其值得注意的是，随着激光技术的进步，1995 年 R. I. Billmers 等人首次实现了激发态的 FADOF。利用原子激发态之间的跃迁，能够极大地拓展波长覆盖范围，并且能够将滤光范围拓展到 852 nm 以上的红外波段，从而完全覆盖原子共振滤光器的滤光范围，取代原子共振滤光器作用。

表 1.1　不同波段 FADOF 典型实验结果

元素	波长/nm	跃迁线	带宽/GHz	透射率	本章参考文献
Cs	455.0	$6S_{1/2}$-$7P_{3/2}$	1.5	86%	[27]
K	532.3	$4P_{1/2}$-$8S_{1/2}$	10.0	3.5%	[13]
Na	589.0	$3S_{1/2}$-$3P_{3/2}$	1.9	85%	[28]
K	769.9	$4S_{1/2}$-$4P_{1/2}$	3.4	75%	[29]
Rb	775.9	$5P_{3/2}$-$5D_{3/2}$	1.0	16%	[30,31]
Rb	780.0	$5S_{1/2}$-$5P_{3/2}$	1.0	63%	[22]
Cs	852.0	$6S_{1/2}$-$6P_{3/2}$	0.6	48%	[32]
Rb	1 529.2	$5P_{3/2}$-$4D_{3/2}$	2.0	67%	[33,34]

1.3　原子滤光器的主要类型

如前所述，按照实现原理，原子滤光器可以分为两大类：吸收-再发射型和双折射型。其中，根据其实现的原理不同，双折射型的原子滤光器又分为磁致双折射、光致双折射和电致双折射三大类，如表 1.2 所示。表中同时列出了几类原子滤光器的基本原理和基本结构的示意图，关于其原理的详细解释见后续章节。

表 1.2 原子滤光器分类

原理		原理示意图	结构示意图	备注
波长转换		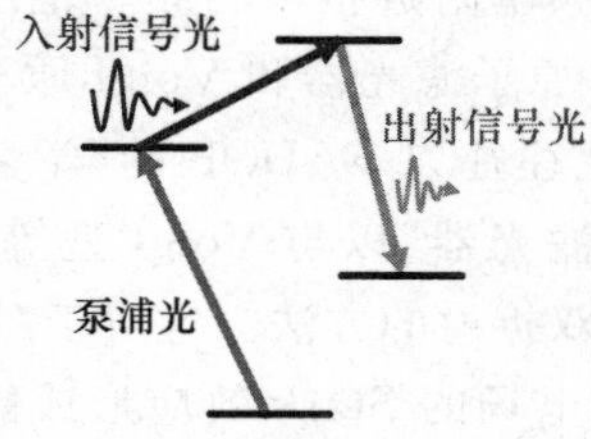 入射信号光 出射信号光 泵浦光	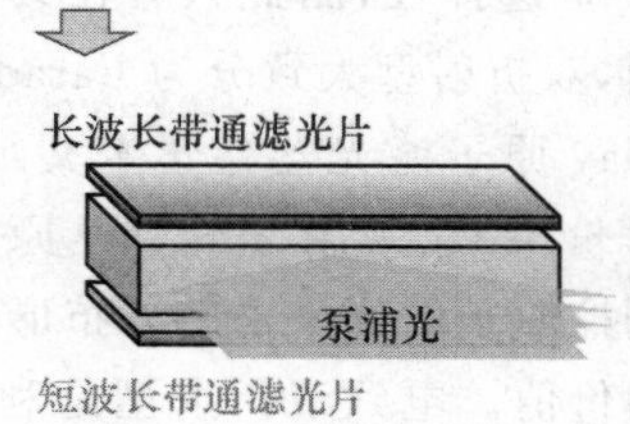 长波长带通滤光片 泵浦光 短波长带通滤光片	•最早，波长丰富 •响应速率及成像受限
双折射致旋光效应	磁致双折射	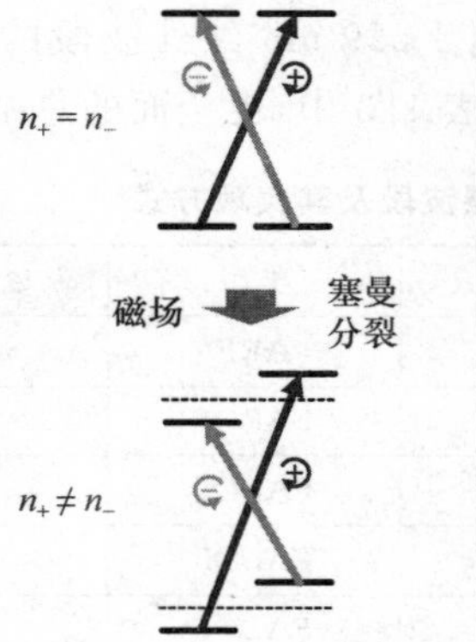 $n_+ = n_-$ 磁场 塞曼分裂 $n_+ \neq n_-$	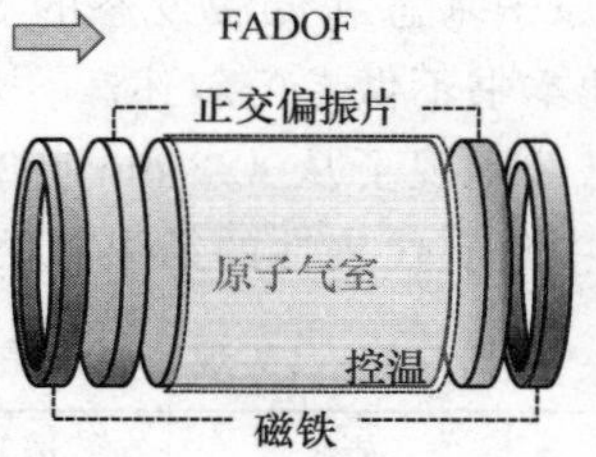 FADOF 正交偏振片 原子气室 控温 磁铁	•最普遍，最成熟 •通光口径受限制
			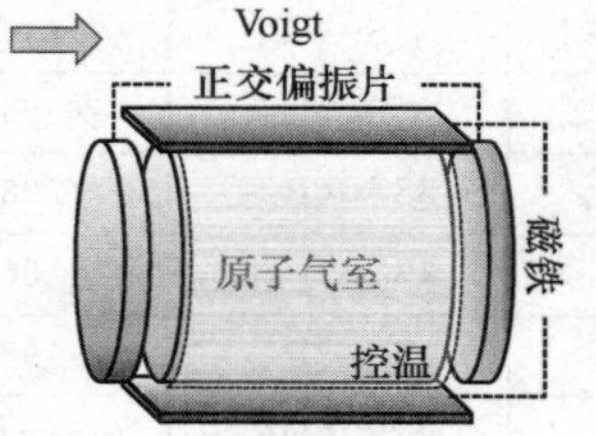 Voigt 正交偏振片 原子气室 磁铁 控温	•改善通光口径问题 •透射谱较简单
	光致双折射	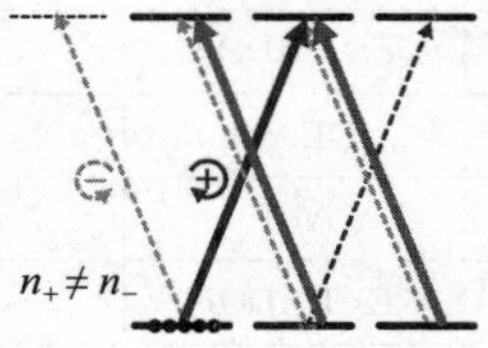 $n_+ \neq n_-$	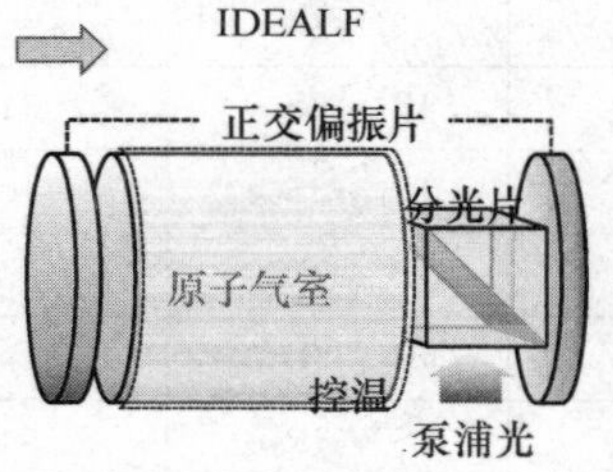 IDEALF 正交偏振片 分光片 原子气室 控温 泵浦光	•不用磁场，更窄的线宽 •部分能级结构不适用
	电致双折射	（类比磁场）	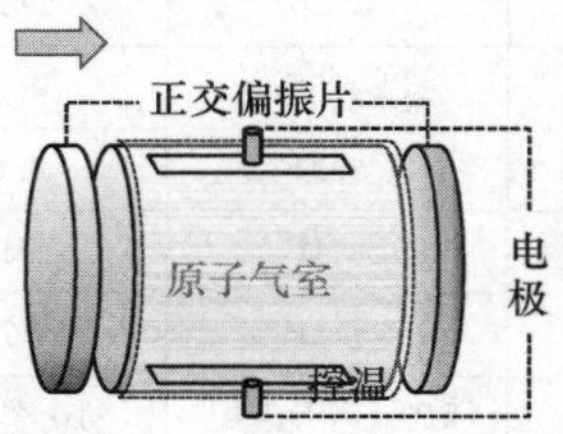 正交偏振片 原子气室 电极 控温	•极高激发态适用 •不成熟，研究很少

（1）吸收-再发射型原子滤光器主要通过激发态能级之间的光子的吸收和再发射过程，完成波长转换，从而通过带通滤波器实现噪声抑制，同时也可进行长波到短波的波长转化，方便探测。M. J. Webber 在其 2003 年出版的《光学材料手册》中对其进行了整理，有一些波长转换过程不仅仅是红外向可见光区转换，而是将蓝绿光转换到方便探测的 852 nm 等波段进行探测。我们将在后续章节详细讨论这一点。

(2) 在双折射型中，磁致双折射利用磁光效应造成光场的两个正交自由度分量感受到的折射率不一样，形成旋光效应，其传统对应为 Lyot 滤光器。由于光与气态原子的相互作用过程具有极强的频率选择性，因此只有在共振频率附近很窄的频率范围才能够起作用。根据磁场的方向不同，双折射型大致分为 Faraday 原子滤光器和 Voigt 原子滤光器。其中，由于历史原因，Faraday 原子滤光器在学术文献上往往以 FADOF 的“学名”出现。在本书中二者出现时完全等价，一般采用“Faraday 原子滤光器”以与 Voigt 型等对应。光致双折射型是利用激光来调控原子内部量子态分布形成双折射的方法。这对于激发态原子滤光器的实现具有很重要的价值。电致双折射型是利用电场的 Stark 效应形成能级移动，从而形成双折射效应。由于原子基态和低激发态的 Stark 效应不明显，基于 Stark 效应的原子滤光器实现非常少，因此本书不做专门叙述。

基于以上原理，已经实现了从 422 nm 蓝光到 1 529 nm 红外波段的多种原子滤光器。我们挑选在每个波段中具有代表性的结果总结在表 1.3 中，更全面的总结参见附录 2。

表 1.3　已实现的原子滤光器波段及其实现方式

波长/nm	元素	能级	透射率	类型	磁场大小	温度/℃
422.7	Ca	4^1S_0-4^1P_1	η=25%	ARF	N/A	300～350
422.7	Ca	4^1S_0-4^1P_1	55%	FADOF	460	480
420.3	Rb	$5S_{1/2}$-$6P_{3/2}$	98%	FADOF	500	280
455.0	Cs	$6S_{1/2}$-$7P_{3/2}$	86%	FADOF	900	190
459.0	Cs	$6S_{1/2}$-$7P_{1/2}$	98%	FADOF	323	179
460.7	Sr	5^1S_0-5^1P_1	η=45%	ARF	N/A	455
518.0	Mg	3^3P-4^3S	η=50%	ARF	N/A	430
532.0	K	$4P_{1/2}$-$8S_{1/2}$	31%	ES-FADOF	310	200
532.3	K	$4P_{1/2}$-$8S_{1/2}$	40%	IDEALF	N/A	200～230
535.0	TI	$6^2P_{3/2}$-$7^2S_{1/2}$	η=50%	ARF	N/A	440
543.3	Rb	$5P_{3/2}$-$8D_{5/2}$	81.1%	Es-FADOF	6 080	150
589.0	Na	$3S_{1/2}$-$3P_{3/2}$	94%	FADOF	3 000	182
614.3	Ne	$1s_5$-$2p_6$	93%	FADOF	900	N/A
694.1	K	$4P_{3/2}$-$6S_{1/2}$	9.5%	IDEALF	N/A	110
728.0	Cs	$5D_{5/2}$-$6F_{7/2}$	2.6%	ES-FADOF	100	241
766.0	K	$4S_{1/2}$-$4P_{3/2}$	75%	FADOF	750	134
769.9	K	$4S_{1/2}$-$4P_{1/2}$	77%	FADOF	815	116
775.9,7	Rb	$5P_{3/2}$- $5D_{3,5/2}$	10%|40%	ES-FADOF	377	170
780.0	Rb	$5S_{1/2}$-$5P_{3/2}$	>90%	FADOF	80	70
794.7	Rb	$5S_{1/2}$- $5P_{1/2}$	71%	FADOF	45	92
852.0	Cs	$6S_{1/2}$-$6P_{3/2}$	77.4%	FADOF	60	73
894.0	Cs	$6S_{1/2}$-$6P_{1/2}$	13%	FADOF	230	44
1 083.0	He	2^3S_1-2^3P	NM	FADOF	2000	(120Pa)
1 529.0	Rb	$5P_{3/2}$-$4D_{5/2}$	～70%	ES-FADOF	550	120

1.4　原子滤光器的典型应用

原子滤光器的最早的应用有三个方面，分别是量子计数器、对日观测和激光频率锁定。

严格地说，量子计数器的提出以及在碱金属中的实现，并不是原子滤光器的应用，而是原子共振滤光器的起因。如前述，美国航空航天公司（Aerospace Corporation）的 J. Gelbwachs 等人于 1978 年在钠原子中实现了红外量子计数器，他们采用功率密度为 700 W/cm^2 的紫外激光泵浦，实现了 1.48 μm（透射率 30%）、2.34 μm（透射率 100%）和 3.42 μm（透射率 7%）等红外光的探测，噪声等效功率谱密度为10^{-17} $W/\sqrt{Hz}$。

对日观测和太阳背景光的抑制一直是原子滤光器技术发展和应用的重要课题。由于太阳 Fraunhofer 线的存在，原子滤光器的主要应用之一就是用于对日观测。Fraunhofer 线是太阳光谱中的吸收线。1814 年，德国物理学家 J. Fraunhofer 利用自制光谱装置观察太阳光时，在明亮彩色背景上观察到狭窄的暗线，其中最明显的 8 条用字母 A～H 标记，这些暗线被称为 Fraunhofer 谱线，是处于温度较低的太阳大气中的原子对更加炽热的内核发射的黑体连续光谱进行选择吸收的结果。Fraunhofer 谱线共有三万多条，可见光区的主要 Fraunhofer 线如图 1-4 所示。其中，钠黄双线被标记为 D_1 和 D_2 线，这一标记后来被用来指代所有的碱金属元素的第一激发态跃迁的两个精细结构跃迁谱线。

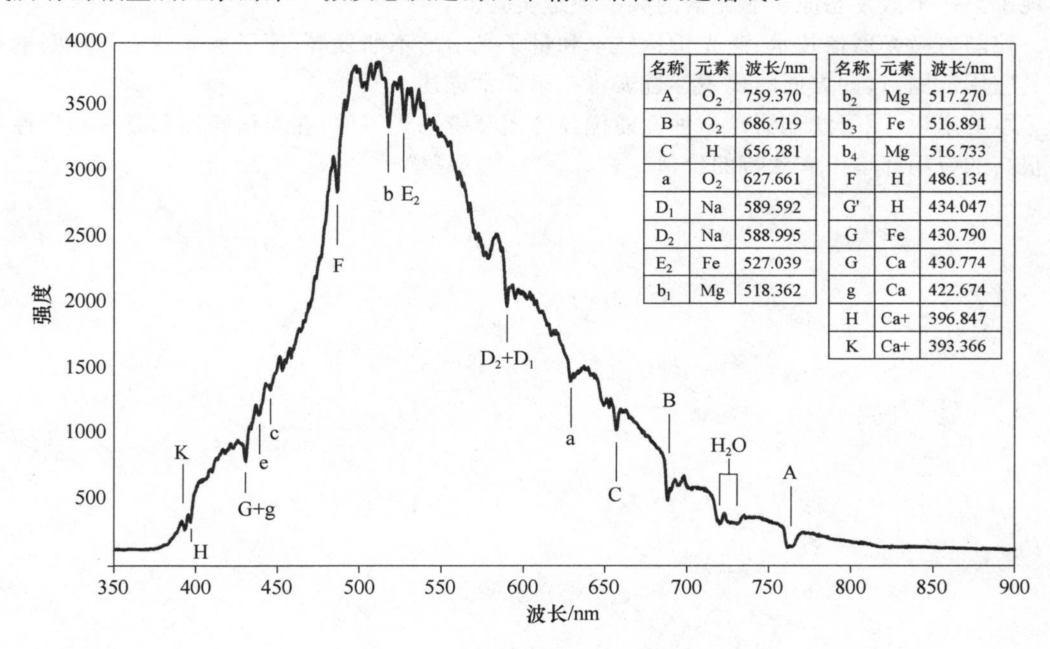

名称	元素	波长/nm
A	O_2	759.370
B	O_2	686.719
C	H	656.281
a	O_2	627.661
D_1	Na	589.592
D_2	Na	588.995
E_2	Fe	527.039
b_1	Mg	518.362

名称	元素	波长/nm
b_2	Mg	517.270
b_3	Fe	516.891
b_4	Mg	516.733
F	H	486.134
G'	H	434.047
G	Fe	430.790
G	Ca	430.774
g	Ca	422.674
H	Ca+	396.847
K	Ca+	393.366

图 1-4　Fraunhofer 线

将原子系统用于对日光学观测的方法首见于 1956 年，Y. Öhmans 在《天体物理学研究中的新辅助仪器》第六节“用于太阳研究工作——一种基于选择性磁致旋波的试验性单色器”中提出了利用原子气室磁致旋光效应的对日观测方法。其灵感来自于早年对钠元素 D 线的磁致旋光效应。“作者认为这个有趣的效应可以用于观测选定谱线中的太阳。通过将气体置于两个正交偏振器之间，并通过使用平行于视线的强磁场，可以关闭所有的除了这种具有磁旋效应的谱线之外的光。"这个工作不仅仅在"低压"钠蒸汽中初步实现了钠元素的滤光观测，还得到了氢和氖元素的旋光效应。我们以现在的视角对于这一观测做一个回顾，可以猜测当时的钠原子滤光谱线可能工作在线翼模式，留给共振谱线足够空间。

针对太阳光谱 Fraunhofer 线的滤光器可以实现对太阳背景光的有效抑制，基于镁、钙、锶等碱土金属元素，J. Gelbwachs 等人发展了一系列工作在 Fraunhofer 线的被动式和主动式原子共振滤光器。图 1-4 中镁元素的 518.362 nm b1 线和钙元素的 422.674 nm g 线等均得到了实现[3,7]。典型的 Fraunhofer 线原子共振滤光器的性能可参见本章参考文献[6]，在钾、铷、铯、镁和铊-铯系统中均有实现。

20 世纪 90 年代中期以后，Faraday 等磁光双折射滤光器开始占据原子滤光器的主导地位，也被用于对日 Fraunhofer 线的应用。J. Gelbwachs 等人于 1993 年报道了钙原子 Fraunhofer g 线的 Faraday 型原子滤光器的实现；同年，科罗拉多大学和 ThermoTrex 公司的研究人员实现了钠黄线的 Faraday 型原子滤光器。中国科学院武汉物理与数学研究所近期报道了大量利用原子滤光器进行对日观测的结果。相关研究较多，在此不再一一列举。

另外，由于原子滤光器优异的频率选择特性，将其置入激光器的谐振腔内作为选模和频率锁定器件是一个很好的选择。1969 年，钠原子滤光器被用于激光频率锁定。1978 年，惰性气体氖原子滤光器用于激光器的频率稳定。近年来，北京大学发展了一系列相关技术，并实现了第一个激发态原子滤光器的频率锁定实验。

伴随着激光通信技术、激光雷达技术和量子光学的不断发展，原子滤光器也在不断地拓展其应用范围，这些方面的代表性进展将在第 8 章详述。

总的来说，原子滤光器是一种性能优异的超窄带滤光器件，在对信噪比和频率稳定性要求很高的应用环境中有独特的价值。

第 2 章　光与原子相互作用的基础理论

原子滤光器本质上是利用原子系统对光场进行调控和选择的一种光学器件，它是一个光与原子相互作用的系统。因此，原子滤光器的理论描述本质上应该是一个光和原子相互作用的基本量子光学系统，它的基本理论在量子光学的框架下可以得到完整的表述。

需要注意的是，与大多数量子光学系统不同，原子滤光器是不多的几种利用原子系统改变光场性质的量子光学系统。一般来说，量子光学的相互作用系统倾向于利用光场来进行精确的原子内态调控，比如光泵浦、相干布居数囚禁(Coherent Population Trapping,CPT)、纠缠制备等操作都是典型的例子。相反地，利用原子系统来改变光场相对较少。其原因在于，要改变光场性质，需要比较大的原子数密度。常温使用的原子系统为碱金属或碱土金属的低压气态，其数密度很难达到显著改变光场性质的要求。除了原子滤光器以外，利用原子系统改变光场性质的量子光学系统还有电磁感生透明现象(Electromagnetically Induced Transparency,EIT)，它利用原子系统改变光场的群速度。

本章介绍光与原子相互作用的基础理论，主要从量子光学的半经典理论出发，给出原子系统吸收、色散和旋光效应的微观解释和基本计算方法，为第 3 章原子滤光器的理论计算建立基础。

2.1　需要的量子力学基础

原子滤光器的基础理论需要用到原子结构的基本知识和光与原子相互作用的基本方程，下面一一简单介绍。

2.1.1　量子力学的基本概念

在进行对原子滤光器的相互作用描述之前，需要对量子力学的基本概念做简单回顾。这里，为尽量简单清晰，我们借用张永德老师在他的量子力学讲义中的公理化描述。

简单地说，对一个力学系统的描述，应该从以下五个公设出发。

1. 波函数公设

一个微观粒子体系的状态，用一个波函数 $\psi(x,t)$ 来完全描述，它是粒子的坐标和时间的函数，而且在 $\psi(x,t)$ 的分布区域 $\mathrm{d}V$ 中找到粒子的几率，由 $\mathrm{d}P=\psi^*\psi\mathrm{d}V$ 表示，这里 ψ^* 为

ψ 的复数共轭。从而，$\psi(x,t)$ 在其分布区域中必须处处单值、连续、可微(除个别点、线、面之外)，对此区域的任意部分都是平方可积的。需要指出的是，对此公设的一种更一般的表述为量子态公设，即用 Dirac 符号的左矢 $\langle\psi|$ 和右矢 $|\psi\rangle$ 来表示微观粒子状态。其中的区别和联系不再赘述，本书中将视方便选择使用。

2. 算符公设

所有力学量(可观察的物理量)均分别以线性厄米算符表示。这些算符作用于态的波函数。在这种由力学量 A 到算符 $\hat{A}$ 的众多对应规则中，基本的规则是坐标 x 和动量 p 向它们算符 $\hat{x}$ 和 $\hat{p}$ 的对应。这个对应要求 $[\hat{x},\hat{p}]=\hat{x}\hat{p}-\hat{p}\hat{x}=i\hbar$。注意，这个公设里包含了力学量的本征值和本征态。再次强调，这个对应通常也表示为 Dirac 符号的形式。

3. 测量公设

一个微观粒子体系处于波函数为 $\psi(x,t)$ 的状态，若对它测量可观测力学量 $\hat{A}$ 的数值，所测得的 $\hat{A}$ 的平均值(期望值)为 $\overline{A}_{\psi}=\int\psi^{*}(r)\hat{A}\psi(r)\mathrm{d}r$ (波函数已归一化)。注意，这个假设里已经隐含了测量坍缩等现象。

4. 微观体系动力学演化公设

一个微观粒子体系的状态波函数满足 Schrödinger 方程：$i\hbar\partial\psi(x,t)/\partial t=\hat{H}(x,p,t)\psi(\boldsymbol{x},t)$。$\hat{H}(x,p,t)$ 是系统的哈密顿量，Schrödinger 方程的定态解 $\hat{H}(x,p,t)\psi(x,t)=0$ 就是系统哈密顿量的本征值方程。Schrödinger 方程当然也有 Dirac 符号形式。

5. 全同性原理公设

全同性原理公设即认为同类微观粒子原则上完全不可分辨，这一点目前经受住了所有的实验物理考验。

2.1.2 Schrödinger 方程和密度矩阵方程

根据上述公设，在量子力学体系框架内，描述一个物理系统演化要采用 Schrödinger 方程。做到这一点需要一个前提，即需要量子系统处于一个能够被波函数描述的纯量子态。但是，与经典统计物理的起因有些相似，由于我们对复杂系统的描述能力的限制，真实情况下我们面对的往往是一个"退化"的量子力学子系统，这时候不能用一个单独的波函数或者态矢来完全刻画这个子系统，需要引入新的描述方式。

原子滤光器要处理的原子系综就是个典型。原子气室里的原子除了自身的量子力学能级外，还受到真空涨落、原子与原子或气壁间碰撞的作用等，这些作用从本质上都需要引入真空和气壁原子的量子态，一起写成一个大的波函数才能勉强描述。但是，实际过程中我们无法做到这一点，而简单地将这些原子子系统外的效果通过唯象的方法变成简单的弛豫或噪声项，从而能够将波函数或态矢的描述维度控制在原子本身。这样做的代价是对波函数的正交基展开引入了表现为统计“权重”的参数，从而需要引入新的参数来描述这种“退化”后的原子系统状态，即密度矩阵。

密度矩阵为算符形式，也常称作密度矩阵算符，它简单定义为

$$\rho = \sum c_{\psi_n} |\psi_n\rangle\langle\psi_n|$$

式中，c_{ψ_n}代表不同$|\psi_n\rangle$的统计权重。自然地，系统的状态演化方程也不能用 Schrödinger 方程来描述，从而需要引入密度矩阵方程，即

$$i\hbar\frac{\partial\rho}{\partial t}=[H,\rho]$$

在原子滤光器的相互作用系统中，由真空涨落引起的自发辐射弛豫项非常重要，其引入可以通过在密度矩阵方程中唯象地引入弛豫项实现（Liouville 方程理论将在后文详述）。

2.1.3　原子能级结构

原子滤光器的光学性质由原子的微观结构决定，由量子力学描述。由于原子滤光器的设计和应用主要针对窄线宽的激光，因此对原子的分析需要到超精细结构的层面，并且需要考虑同位素位移。因此，我们先简单介绍原子的精细结构和超精细结构的基本概念，在此基础上介绍常用的碱金属的能级结构和基本参数。

1. 原子结构简介

(1) 原子的精细结构和超精细结构

简单起见，这里不给出原子结构的完整表述，而仅仅以氢原子为例，简单勾画出原子能级的全貌。一方面，氢原子只有一个电子，其求解属于两体问题，是以量子力学为框架的现代原子物理学理论唯一能够精确求解的元素原子；另一方面，由于氢原子和原子滤光器常用的钠、钾、铷、铯等碱金属都只有一个价电子，因此氢原子的描述针对碱金属具有很强的代表性。

原子的能级结构通常分为三个层次：最初级只考虑原子核及核外电子的 Coulomb 相互作用（相对论效应引入动力学修正和 Darwin 项，量子电动力学为其引入了 Lamb 位移），系统只有轨道角动量$\boldsymbol{L}$，原子状态由主量子数n、轨道量子数l及磁量子数m描述，原子符号为 1S、2P 等nL。进一步，考虑电子的自旋角动量$\boldsymbol{S}$，引入 L-S 耦合的修正，出现了新的角动量$\boldsymbol{J}=\boldsymbol{L}+\boldsymbol{S}$，引入新的量子数$j$及其磁量子数$m_j$，原子符号写作$1^2S_{1/2}$、$2^2P_{3/2}$等，增加了左上标示 $2S+1$（氢及碱金属只有一个价电子，因此$S\equiv 1/2$）和右下角标示$j=|l+s|$。最后，考虑原子核的自旋角动量$\boldsymbol{I}$，则进一步出现新的角动量$\boldsymbol{F}=\boldsymbol{I}+\boldsymbol{J}$，并引入新的量子数$F$及其磁量子数$m_F$。为节省篇幅，上述过程的哈密顿量、本征值能级及其修正均列在表 2-1 原子结构的量子力学描述中，详细推导过程及物理解释需要参考原子物理的专业书籍。

表 2-1 原子结构的量子力学描述

	哈密顿量	本征值	角动量和量子数	符号
理想情况	$\hat{H}_0=\frac{\hat{P}^2}{2m_e}-\frac{1}{4\pi\varepsilon_0}\frac{Z\,e^2}{r}$	$E_n=-\frac{m_e c^2}{2}\left(\frac{Z\alpha}{n}\right)^2$	$\boldsymbol{L}$ n,l,m_l	真空光速:c 原子序数:Z 真空电导率:ε_0
相对论动力学修正	$\hat{H}_1=-\frac{1}{8}\frac{(\hat{P}^2)^2}{m_e{}^3c^2}$	$\langle\hat{H}_1\rangle_{nlm}=-\frac{m_e\,c^2}{2}\left(\frac{Z\alpha}{n}\right)^4\left(\frac{n}{l+1/2}-\frac{3}{4}\right)$	$\boldsymbol{L}$ n,l,m_l	电子质量:m_e 轨道角动量:$\boldsymbol{L}$
Darwin 项[1]（相对论修正）	$\hat{H}_3=\frac{\hbar^2}{8\,m_e{}^2c^2}\frac{Ze^2}{4\pi\varepsilon_0}4\pi\,\delta^3(\boldsymbol{r})$	$\langle\hat{H}_3\rangle_{n,j,m_j,l}=\frac{m_e\,c^2}{2}\left(\frac{Z\alpha}{n}\right)^4 n\,\delta_{l,0}$	$\boldsymbol{L}$ n,l,m_l	自旋角动量:$\boldsymbol{S}$ 总角动量:$\boldsymbol{J}$ 核自旋角动量:$\boldsymbol{I}$
Lamb 位移（QED 修正）	略	$\Delta E_{\mathrm{Lamb}}\cong\frac{m_e\,c^2}{2}\left(\frac{Z\alpha}{n}\right)^4\frac{8n\alpha}{3\pi}\ln\frac{1}{\alpha Z}\delta_{l,0}$	$\boldsymbol{L}$ n,l,m_l	HFS 总角动量:$\boldsymbol{F}$ 主量子数:n
轨道-自旋耦合[2]	$\hat{H}_2=\frac{1}{2\,m_e{}^2c^2}\frac{Ze^2}{4\pi\varepsilon_0}\frac{1}{r^3}\hat{\boldsymbol{S}}\cdot\hat{\boldsymbol{L}}$	$\langle\hat{H}_2\rangle_{n,j=l\pm\frac{1}{2},m_j,l}=-\frac{m_e\,c^2}{4}\left(\frac{Z\alpha}{n}\right)^4\frac{n}{j+1/2}\begin{bmatrix}-1/j\\1/(j+1)\end{bmatrix}$ $\langle\hat{H}_1\rangle_{n,j=l\pm\frac{1}{2},m_j,l}=-\frac{m_e\,c^2}{2}\left(\frac{Z\alpha}{n}\right)^4 n\left(\begin{bmatrix}1/j\\1/(j+1)\end{bmatrix}-\frac{3}{4}\right)$	$\boldsymbol{J}=\boldsymbol{L}+\boldsymbol{S}$ n,l,j,m_j	轨道量子数:l 轨道磁量子数:m_l 总角量子数:j 总磁量子数:m_j HFS 总角量子数:F
精细结构	$\hat{H}_0+\hat{H}_1+\hat{H}_2+\hat{H}_3$	$\Delta E_{n,j=l\pm\frac{1}{2},m_j,l}=-\frac{m_e\,c^2}{2}\left(\frac{Z\alpha}{n}\right)^4\left(\frac{n}{j+1/2}-\frac{3}{4}\right)$	$\boldsymbol{J}=\boldsymbol{L}+\boldsymbol{S}$ n,l,j,m_j	HFS 总磁量子数:m_F 精细结构常数
超精细结构核自旋耦合[3]	$\hat{H}_{\mathrm{hfs}}=A_{\mathrm{hfs}}\boldsymbol{I}\cdot\boldsymbol{J}$	$\Delta E_{\mathrm{hfs}}=\frac{1}{2}A_{\mathrm{hfs}}[F(F+1)-I(I+1)-J(J+1)]$	$\boldsymbol{F}=\boldsymbol{L}+\boldsymbol{S}+\boldsymbol{I}$ n,l,j,F,m_F	$\alpha=\frac{e^2}{4\pi\varepsilon_0}\frac{1}{\hbar}\cong\frac{1}{137}$ HFS 磁偶极常数:A_{hfs}

注：

1. Darwin 项仅作用 $l=0$。
2. 要求 $l\neq0$。当 $l=0$ 时，L-S 耦合为 0，数值上$\langle\hat{H}_2\rangle_{l=0}$与 Darwin 项相同，所以可以相互抵消掉。
3. 只列出了磁偶极修正，电四极和磁八极项未列出，它们对激发态有微小影响。

图 2-1 以氢原子的基态和第一激发态为例[35]，直观地给出了形成原子能级结构的一般过程。氢原子 $l=0$ 能级的 Lamb 位移将 2S 态和 2P 态直接分开，L-S 耦合导致了 2P 能级分裂为 $^2P_{1/2}$ 和 $^2P_{3/2}$ 两个精细结构能级。由于氢原子核自旋为 1/2，其超精细能级量子数 $F=J\pm1/2$，因此对 S 态和 $^2P_{1/2}$，$F=0,1$；而对 $^2P_{3/2}$，$F=1,2$。

在本书中，除非特殊情况（如引用原文表述等），对原子结构的描述一般直接从精细结构开始，通常将直接给出超精细分裂。

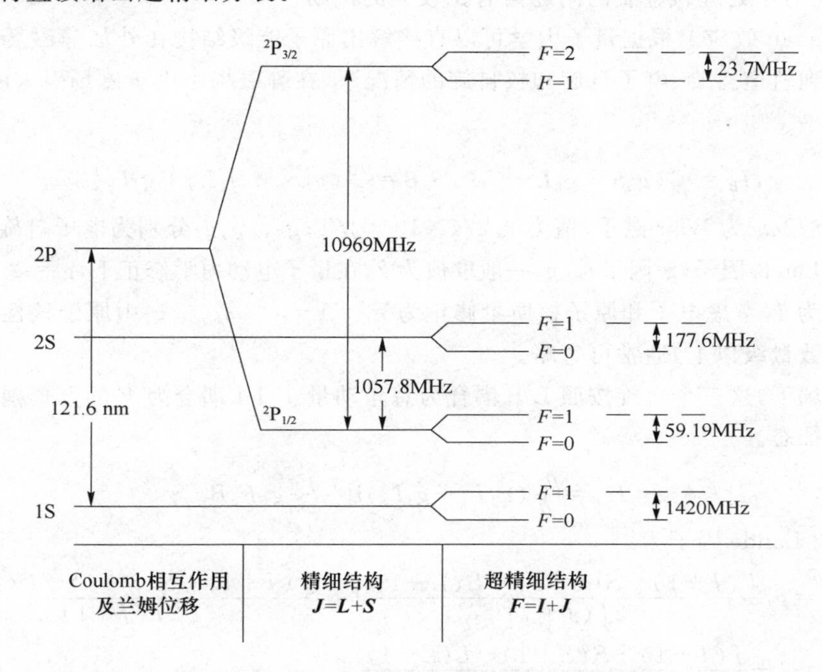

图 2-1 氢原子基态及第一激发态能级示意[35]

(2) 原子能级的电偶极跃迁选择定则

原子结构的跃迁选择定则在理解和定性分析光和原子相互作用时非常有效。具体的物理过程可以在大量的原子物理学教材中找到[36]。电偶极跃迁和磁偶极跃迁的选择定则如表 2-2 所示的跃迁选择定则，超精细结构的 F 和 m_F 与 J 相同。

表 2-2 跃迁选择定则

	电偶极跃迁	磁偶极跃迁
一般原则	$\Delta J=0,\pm1\ (0\not\leftrightarrow0)$	$\Delta J=0,\pm1\ (0\not\leftrightarrow0)$
	$\Delta m_J=0,\pm1$	$\Delta m_J=0,\pm1$
	宇称改变	宇称不变
精细结构	Δn 无限制	$\Delta n=0$
	$\Delta l=\pm1$	$\Delta l=0$
	$\Delta L=0,\pm1(0\not\leftrightarrow0)$	$\Delta L=0$
	$\Delta S=0$	$\Delta S=0$

2. 原子能级结构在外场中的变化

原子能级会受到外界电磁场的影响而发生能级的移动和分裂。原子能级在外界静磁场作用下的移动和分裂现象称为 Zeeman 效应，由荷兰物理学家 Pieter Zeeman 于 1896 年在观察钠火焰的光谱时发现。由于这个发现，他获得了 1902 年的诺贝尔物理学奖。原子能级在外界静电场作用下的移动和分裂现象称为 Stark 效应，由德国物理学家 Johannes Stark 于 1913 年在观察氢原子光谱时发现。由于这个发现，他获得了 1919 年的诺贝尔物理学奖。关于 Zeeman 和 Stark 效应的详细推导请见附录 1，这里只给出主要理论框架和结论，D. A. Steck 的讲义对于处理碱金属的问题会有比较大的帮助[37]。

(1) Zeeman 效应。根据量子力学可以直接解出原子能级结构在外加静磁场下的变化。在同时考虑到轨道自旋、电子自旋和核自旋的情况下，在静磁场中由于磁场引入的相互作用哈密顿量为

$$H_B=\frac{\mu_B}{\hbar}(g_S\boldsymbol{S}+g_L\boldsymbol{L}+g_I\boldsymbol{I})\cdot\boldsymbol{B}=\frac{\mu_B}{\hbar}(g_SS_z+g_LL_z+g_II_z)B$$

式中，$\mu_B=e\hbar/2m_e$ 为 Bohr 磁子，值为 9.274×10^{-24} J/T；g_S、g_L、g_I 分别为电子自旋、电子轨道和核自旋的 Landé 因子（g-因子）。g_S 一般取值为 2，在量子电动力学修正下，$g_S=2+\pi/\alpha+\cdots$。g_L 一般取值为 1，考虑电子和原子核质量修正为 $g_L=1-m_e/m_{nuc}$。g_I 由原子核性质决定，一般要小三个数量级以上，通常可忽略。

在弱磁场下，这三个自旋按照 L-S 耦合为总角动量 J、J-I 耦合为 F 的方式耦合，以超精细结构为本征态。

$$H_B=\frac{\mu_B}{\hbar}(g_JJ_z+g_II_z)B=\frac{\mu_B}{\hbar}g_FF_zB$$

式中，耦合的 Landé 因子为

$$\begin{aligned}g_J&=g_L\frac{J(J+1)-S(S+1)+L(L+1)}{2J(J+1)}+g_S\frac{J(J+1)+S(S+1)-L(L+1)}{2J(J+1)}\\&\approx1+\frac{J(J+1)+S(S+1)-L(L+1)}{2J(J+1)}\\g_F&=g_J\frac{F(F+1)-I(I+1)+J(J+1)}{2F(F+1)}+g_I\frac{F(F+1)+I(I+1)-J(J+1)}{2F(F+1)}\\&\approx g_J\frac{F(F+1)-I(I+1)+J(J+1)}{2F(F+1)}\end{aligned}$$

则在超精细结构本征态 $|F,m_F\rangle$ 下，由于静磁场带来的能级移动为

$$\Delta E_{|F,m_F\rangle}=\mu_Bg_Fm_FB$$

在强磁场下，核自旋耦合的强度远小于磁场带来的影响，因此不能将磁场作为微扰项处理，J 和 F 解耦合，本征态为 $|J,m_J;I,m_I\rangle$，能级移动为

$$\Delta E_{|J,m_J;I,m_I\rangle}\approx A_{hfs}m_Im_J+B_{hfs}\frac{9(m_Im_J)^2-3J(J+1)m_I^2-3I(I+1)m_J^2+I(I+1)J(J+1)}{4J(2J-1)I(2I-1)}+\mu_B(g_Jm_J+g_Im_I)B$$

需要强调的是，严格地说，只有在弱磁场下的能级分裂才叫作 Zeeman 效应，而强磁场下的能级分裂称为 Paschen-Back 效应。

除了对原子结构的解以外，一个结合光的偏振态的物理图像将是有帮助的。对于 $\Delta m=+1$，原子在磁场方向的角动量减少了一个 $\hbar$，由于原子和光子的角动量之和守恒，光子具有与磁场方向相同的角动量 $\hbar$，方向和电矢量旋转方向符合右手法则，称之为 σ_+ 偏振，为

左旋偏振光。反之，对于 $\Delta m=-1$，原子在磁场方向的角动量增加一个$\hbar$，光子具有与磁场方向相反的角动量$\hbar$，方向和电矢量旋转方向构成左手法则，称之为σ_-偏振，为右旋偏振光。对于 $\Delta m=0$，原子在磁场方向角动量不变，称之为 π 偏振。

对于 Zeeman 效应而言，观察方向非常重要。如图 2-2 所示[38]，沿磁场方向观察只能观察对应到σ_+和σ_-谱线的左旋偏振光和右旋偏振光，观察不到 π 偏振谱线。若在垂直于磁场方向观察，则能够观察到原谱线分裂成三条：中间一条是 π 谱线，为线偏振光，偏振方向和磁场方向平行，σ_+和σ_-线分居两侧，同样是线偏振光，偏振方向和磁场方向垂直。

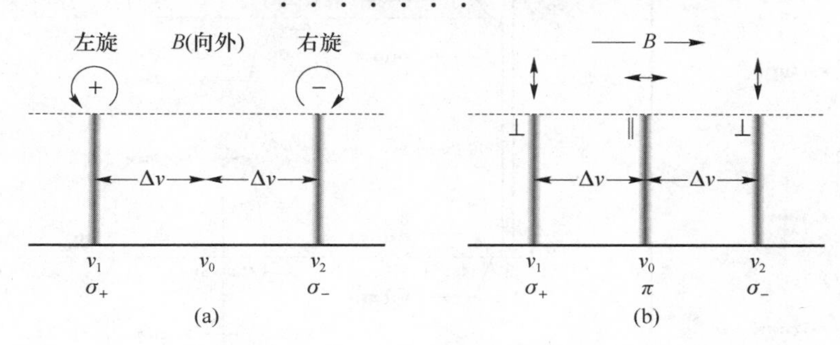

图 2-2　在 Zeeman 效应中不同磁场方向观测偏振谱

（2）Stark 效应。Stark 效应的推导过程更加繁琐，一些详细的推导过程请参见附录 1，这里只给出一般结论。简化到相互作用能量的二阶微扰，得到相互作用哈密顿量为

$$H_E=-\frac{1}{2}\alpha_0 E_z^2-\frac{1}{2}\alpha_2 E_z^2\frac{3J_z^2-J(J+1)}{J(2J-1)}$$

式中，α_0 称为标量极化率；α_2 称为张量极化率，需要根据原子能级的波函数计算跃迁矩阵元求出，且张量极化率α_2 在 $J=1/2$ 的时候为 0。可以看到，与 Zeeman 效应不同的是，电场对原子能级的影响是二阶的，因此对$|m_F|$是对称的。

这样，在超精细结构本征态$|F,m_F\rangle$下，由于静磁场带来的能级移动为

$$\Delta E_{|J,I,F,m_F}=-\frac{1}{2}\alpha_0 E_z^2-\frac{1}{2}\alpha_2 E_z^2\frac{[3m_F^2-F(F+1)][3X(X-1)-4F(F+1)J(J+1)]}{(2F+3)(2F+2)F(2F-1)J(2J-1)}$$

式中，$X=F(F+1)+J(J+1)-I(I+1)$。

须指出的是，Stark 效应对原子基态的影响远小于激发态，对高激发的 Rydberg 原子效应尤其显著。

2.1.4　原子滤光器常用碱金属原子能级结构及主要参数

原子滤光器在实验实现上常用钠、钾、铷、铯等碱金属，它们的基态及第一激发态能级结构如图 2-3 所示，这也是在原子滤光器的实验实现中最经常用到的几个谱线。由于实际的光谱分辨能力已经远远超过同位素位移的频率尺度，所以我们必须精确到相应元素的同位素。在碱金属中，钠和铯元素在自然界都没有同位素存在，钾元素有^{39}K、^{40}K、^{41}K 等三种同位素，铷元素有^{85}Rb 和^{87}Rb 两种同位素。这些元素的基本物理性质如表 2-3 所示，以供后续计算参考使用。

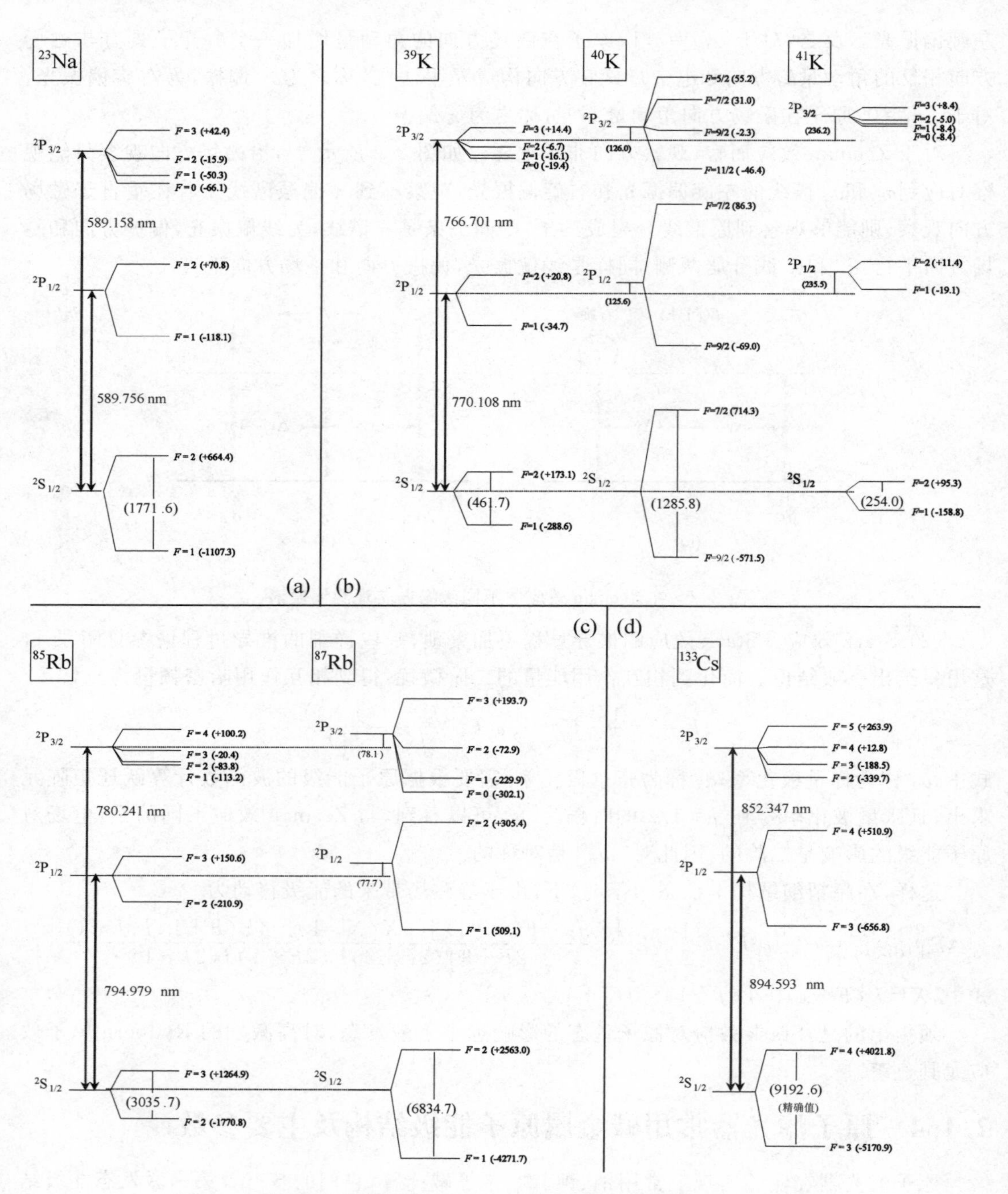

图 2-3　原子滤光器常用碱金属原子能级结构(D_1、D_2 线)(单位:MHz)

注:不同精细结构的超精细结构能级裂距不表示真实比例

表 2-3 碱金属原子基本物理性质

元素	原子序数	相对丰度	原子核寿命/年	原子质量/u	密度/(g·cm^{-3})	熔点/℃	沸点/℃	25 ℃压强/torr	核自旋
	Z	η	τ_n	m	ρ_m	T_M	T_B	N_a	I
^{23}Na	11	100%	(稳定)	22.99	0.97	97.80	883	2.38×10^{-11}	3/2
^{39}K	23	93.26%	(稳定)	38.96	0.862	63.65	774.0	9.8×10^{-9}	3/2
^{40}K	23	0.01%	1.28×10^{9}	39.96	0.862	63.65	774.0	9.8×10^{-9}	4
^{41}K	23	6.73%	(稳定)	40.96	0.862	63.65	774.0	9.8×10^{-9}	3/2
^{85}Rb	37	72.17%	(稳定)	84.91	1.53	39.30	688	3.92×10^{-7}	5/2
^{87}Rb	37	27.83%	(稳定)	86.91	1.53	39.30	688	3.92×10^{-7}	3/2
^{133}Cs	55	100%	(稳定)	132.91	1.93	28.5	671	1.49×10^{-6}	7/2

2.2 光与原子相互作用的半经典理论

光与原子的作用，即使是单原子，其完整的理论描述也会是极其复杂的。根据本文研究的需要，我们需要的仅仅是能够对实验具有指导意义的多能级原子与不太强的慢变光场相互作用的理论模型。这里需要以下几个基本假设。

(1) 二能级近似；

(2) 电偶极近似；

(3) 慢变包络近似；

(4) 旋转波近似。

其中，电偶极近似和慢变包络近似比较容易理解，旋转波近似以及旋转波框架下的处理方法则相对特殊。

这一节，以密度算符为媒介，以二能级为例阐述光与原子相互作用的半经典理论，总结出标准的理论处理框架(如图 2-4 所示)，此处不再赘述。原子与光相互作用的理论模型的处理方法参考 W. H. Louisell 的著作[39]和 L. Mandel 与 E. Wolf 的合著[40]，C. Cohen-Tannoudji 全量子化得出的缀饰态思想也非常重要[41]。

原子在电磁场中的哈密顿量 1

$$H=\frac{1}{2m}(\mathbf{p}-e\mathbf{A})^2+eV(\mathbf{r})+H_F$$

$$=\underbrace{\frac{\mathbf{p}^2}{2m}+eV(\mathbf{r})}_{\text{原子}H_A}\underbrace{-\frac{e}{m}\mathbf{A}\cdot\mathbf{p}}_{\text{相互作用}H_I}+\underbrace{H_F}_{\text{光}\ \otimes}\underbrace{-\frac{e^2}{m}\mathbf{A}^2}_{o(e^2)\ \otimes}$$

半经典 [经典光场+量子化原子能级] 2

(1) 忽略光场能量 H_F；忽略e平方小量 $-\frac{e^2}{m}\mathbf{A}^2$

(2) 二能级近似 $H_A=\hbar\omega_1|1\rangle\langle 1|+\hbar\omega_2|2\rangle\langle 2|$

(3) 电偶极近似 $H_I=-\boldsymbol{\mu}\cdot\mathbf{E}$

旋转波近似 3

(1) 含快变项电场 $E=\hat{\epsilon}\,\varepsilon(t)\,\mathrm{e}^{-\mathrm{i}\omega t}+\text{c. c.}$

(2) 哈密顿量矩阵元

$$\langle 1|H_I|2\rangle=-\boldsymbol{\mu}_{12}\cdot(\underbrace{\hat{\epsilon}\,\varepsilon(t)\,\mathrm{e}^{-\mathrm{i}\omega t}}_{\otimes}+\hat{\epsilon}^*\varepsilon^*(t)\,\mathrm{e}^{-\mathrm{i}\omega t})$$

$$\langle 2|H_I|2\rangle=-\boldsymbol{\mu}_{21}\cdot(\hat{\epsilon}\,\varepsilon(t)\,\mathrm{e}^{-\mathrm{i}\omega t}+\underbrace{\hat{\epsilon}^*\varepsilon^*(t)\,\mathrm{e}^{-\mathrm{i}\omega t}}_{\otimes})$$

(3) 旋波近似（忽略非旋波项）

$$H_I=-\frac{\hbar}{2}(\Omega_R\mathrm{e}^{-\mathrm{i}\omega t}|2\rangle\langle 1|+\Omega_R^*\mathrm{e}^{\mathrm{i}\omega t}|1\rangle\langle 2|)$$

Rabi频率 $\Omega_{\mathrm{R}}=2\hat{\epsilon}^*\cdot\boldsymbol{\mu}_{21}\varepsilon^*(t)/\hbar$

密度矩阵方程（薛定谔表象） 4

$$\frac{\mathrm{d}\rho(t)}{\mathrm{d}t}=\frac{1}{i\hbar}[H_{\mathrm{A}}+H_I,\rho(t)]$$

$$\begin{cases}\dot{\rho}_{11}=\frac{1}{i\hbar}[\langle 1|H_I(t)|2\rangle\rho_{21}-\text{c. c.}]\\ \dot{\rho}_{22}=-\frac{1}{i\hbar}[\langle 1|H_I(t)|2\rangle\rho_{21}-\text{c. c.}]\\ \dot{\rho}_{12}=\frac{1}{i\hbar}[-\hbar\omega_0\rho_{12}+\langle 1|H_I(t)|2\rangle(\rho_{22}-\rho_{11})]\\ \dot{\rho}_{21}=\frac{1}{i\hbar}[\hbar\omega_0\rho_{12}+\langle 2|H_I(t)|1\rangle(\rho_{11}-\rho_{22})]\end{cases}$$

问题：系数$\langle 1|H_I(t)|2\rangle$等含时，作稳态解困难。

旋转波表象 5

(1) 哈密顿量分解 $H=H_{\mathrm{A}}+H_{\mathrm{I}}=H_0+H_R$

① $H_0=-\hbar\omega|1\rangle\langle 1|$

② $H_R=\hbar(\omega-\omega_0)|1\rangle\langle 1|+H_I=\hbar(\Delta)|1\rangle\langle 1|+H_I$

(2) 旋转波表象变换 $U=\exp(H_0/i\hbar)$

① $\tilde{\rho}=U^{-1}\rho U\Rightarrow\tilde{\rho}_{12}=\mathrm{e}^{-\mathrm{i}\omega t}\rho_{12}$；$\tilde{\rho}_{11,22}=\rho_{11,22}$

② $\tilde{H}=U^{-1}HU-i\hbar U^{-1}\dot{U}$
$=\hbar\Delta|1\rangle\langle 1|-\frac{\hbar}{2}(\Omega^*|1\rangle\langle 2|+\Omega|2\rangle\langle 1|)$

自发辐射弛豫 6

$$\frac{\mathrm{d}\tilde{\rho}(t)}{\mathrm{d}t}=\frac{1}{i\hbar}[\tilde{H},\tilde{\rho}(t)]+[\Gamma,\rho]_++\Gamma_{\mathrm{C}}(\rho)$$

自发辐射项：

(1) 非对角元为零 $\langle i|\Gamma|j\rangle_{i\neq j}=0$

(2) 对角元为向下跃迁的速率和 $\langle i|\Gamma|i\rangle=-\gamma_{ii}$

(3) 无自发辐射下能级对应对角元为零 $\langle j|\Gamma|j\rangle=0$

(4) 下能级粒子数增加项 $\langle j|\Gamma_{\mathrm{C}}(\rho)|j\rangle=-\sum\gamma_{i\to j}\rho_{ii}$

密度矩阵方程（旋波表象） 7

$$\begin{cases}\dot{\tilde{\rho}}_{11}=\gamma\rho_{22}-\frac{\mathrm{i}}{2}\Omega_{\mathrm{R}}\tilde{\rho}_{12}+\frac{\mathrm{i}}{2}\Omega_{\mathrm{R}}^*\tilde{\rho}_{21}\\ \dot{\tilde{\rho}}_{22}=-\gamma\rho_{22}+\frac{\mathrm{i}}{2}\Omega_{\mathrm{R}}\tilde{\rho}_{12}+\frac{\mathrm{i}}{2}\Omega_{\mathrm{R}}^*\tilde{\rho}_{21}\\ \dot{\tilde{\rho}}_{12}=-\frac{1}{2}\gamma\rho_{12}-\mathrm{i}\Delta\rho_{12}-\frac{\mathrm{i}}{2}\Omega_{\mathrm{R}}^*\tilde{\rho}_{11}+\frac{\mathrm{i}}{2}\Omega_{\mathrm{R}}\tilde{\rho}_{22}\\ \dot{\tilde{\rho}}_{21}=-\frac{1}{2}\gamma\rho_{21}+\mathrm{i}\Delta\rho_{21}+\frac{\mathrm{i}}{2}\Omega_{\mathrm{R}}\tilde{\rho}_{11}-\frac{\mathrm{i}}{2}\Omega_{\mathrm{R}}^*\tilde{\rho}_{22}\end{cases}$$

密度矩阵方程稳态解（二能级吸收与色散） 8

$$\begin{cases}\tilde{\rho}_{22}=\frac{|\Omega|^2}{\gamma^2+(4\Delta^2+2|\Omega|^2)}=1-\tilde{\rho}_{11}\\ \tilde{\rho}_{21}=\frac{(\mathrm{i}\gamma-2\Delta)\Omega}{\gamma^2+(4\Delta^2+2|\Omega|^2)}=\tilde{\rho}_{12}^*\end{cases}$$

图 2-4　光与二能级原子相互作用的半经典理论框架

2.3 吸收与色散

如前所述,原子滤光器对光场的主要作用是旋光效应,其本质是对不同偏振光的折射率差。我们知道原子折射率与宏观极化率 χ 之间的关系。从宏观的极化率 χ 到微观的原子密度算符 ρ 的对应是首先需要澄清的问题。

2.3.1 Kramers-Krönig 关系

光学系统的吸收和色散受到 Kramers-Krönig 关系的限制[42,43](下面简称为 K-K 关系)。K-K 关系可通过因果律(Causality)得到。因果律是支配自然界的基本定律之一。对一个物理系统来说,严格的因果律可以描述为“输入不可能在输出之前产生”。具体到一个线性光学系统中,电位移矢量 $\boldsymbol{D}$ 与电矢量分量 $\boldsymbol{E}$ 满足

$$\boldsymbol{D}=\boldsymbol{E}+4\pi\boldsymbol{P}$$

对于一个各项同性的线性光学系统,其极化强度矢量 $\boldsymbol{P}$ 与外加光场的电矢量分量 $\boldsymbol{E}$ 应该满足线性响应的关系,系统响应函数为电极化率 χ。要保证因果律成立,χ 和 $\boldsymbol{P}$ 必须满足:

$$\boldsymbol{P}(t)=\int_{-\infty}^{t}\chi(t,t')\boldsymbol{E}(t')\mathrm{d}t'$$

即介质在时间 t 的极化情况只能由 t 之前输入的光场来决定。则线性光学系统的电极化率 χ 的实部和虚部应该满足 K-K 关系(希尔伯特变换),即

$$\begin{cases}\chi'(\omega)=\mathrm{P.V}\displaystyle\int_{-\infty}^{+\infty}\frac{\mathrm{d}\nu}{\pi}\frac{\chi''(\nu)}{\nu-\omega}\\ \chi''(\omega)=-\mathrm{P.V}\displaystyle\int_{-\infty}^{+\infty}\frac{\mathrm{d}\nu}{\pi}\frac{\chi'(\nu)}{\nu-\omega}\end{cases}$$

对于一个光学系统而言,其基本的物理描述应该是 Maxwell 方程组。在非铁磁性介质中,电场分量应该满足

$$\nabla^2\boldsymbol{E}(\boldsymbol{r},t)-\frac{1}{2}\frac{\partial^2}{\partial t^2}\boldsymbol{D}(\boldsymbol{r},t)=0$$

引入光学磁导率 $\varepsilon=1+4\pi\chi$,并令 $\varepsilon=\varepsilon'+\mathrm{i}\varepsilon''$,有 $\boldsymbol{D}(\omega)=4\pi\varepsilon(\omega)\boldsymbol{P}(\omega)$。因此,在频域有

$$\nabla^2\mathscr{E}(\boldsymbol{r},\omega)+\frac{\omega^2}{c^2}\varepsilon'(\omega)\mathscr{E}(\boldsymbol{r},\omega)+\mathrm{i}\frac{\omega^2}{c^2}\varepsilon''(\omega)\mathscr{E}(\boldsymbol{r},\omega)=0$$

不失一般性,在一维傍轴近似下,假设电场分量 $\mathscr{E}(\boldsymbol{r},\omega)$ 可以写成波包的形式,即

$$\mathscr{E}(\boldsymbol{r},\omega)=\mathscr{E}(\omega)\mathrm{e}^{\mathrm{i}[k(\omega)+\mathrm{i}\kappa(\omega)]}$$

则有

$$[k(\omega)+\mathrm{i}\kappa(\omega)]^2=\frac{\omega^2}{c^2}[\varepsilon'(\omega)+\mathrm{i}\varepsilon''(\omega)]$$

从而可以得到 $k(\omega)$ 和 $\kappa(\omega)$ 的解。这里用另外两个更加熟悉的物理量来表示,即折射率 n 和吸收系数 α:

$$n(\omega)=k(\omega)\frac{c}{\omega}=\sqrt{\frac{1}{2}\left[\varepsilon'(\omega)+\sqrt{\varepsilon'^2(\omega)+\varepsilon''^2(\omega)}\right]},\quad \alpha(\omega)=\frac{\omega}{n(\omega)c}\varepsilon''(\omega)$$

注意到 $\varepsilon'(\omega)=1+4\pi\chi'(\omega)$，因此在 $\chi'(\omega)\ll 1$ 且 $\chi''(\omega)\ll 1$ 时，$\varepsilon'(\omega)\gg\varepsilon''(\omega)$，所以

$$n(\omega)\approx\sqrt{\varepsilon'}=\sqrt{1+4\pi\chi'(\omega)}$$

$$\alpha(\omega)=\frac{4\pi\omega}{n_b c}\chi''(\omega)$$

式中，n_b 认为是平均的 $n(\omega)$。在本书研究的原子气态系统中，$n(\omega)$ 的绝对值变化是十分有限的。至此，给出了电极化率 $\chi(\omega)$ 的实部与虚部之间的 K-K 关系及其与吸收、色散的对应。

2.3.2　介质的光学性质的微观表示

通过电极化率 χ 可以建立宏观与微观描述之间的联系，方便直接用量子光学的处理结果来讨论介质折射率的问题。介质的极化是内部微观尺度粒子极化的宏观表现。用密度算符 $\hat{\rho}$ 描述原子的内部量子态，可以严格地得到 $\hat{\rho}$ 与极化强度 $\boldsymbol{P}$ 的关系。由于本文的介质描述是以原子气体为基础的，故假设介质由原子气体组成。假设在位置 z 的原子于时刻 t_0 与光场作用，则在时刻 t 的原子状态 $\rho(z,t,t_0)$ 可以表示成

$$\rho(z,t,t_0)=\sum_{\alpha,\beta}\rho_{\alpha\beta}(z,t,t_0)|\alpha\rangle\langle\beta|$$

式中，α 和 β 表示介质原子的量子态。作用时间起点 t_0 具有一定的随机性，原则上需要给出一定的概率分布来刻画。设原子数密度为 N_a，用 $r_a(z,t_0)$ 来表示时刻 t_0、在位置 z 的单位体积内每秒与光场作用的原子数，则介质在时刻 t、位置 z 的密度算符可以描述为

$$N_a\rho(z,t)=\int_{-\infty}^{t}r_a(z,t_0)\rho(z,t,t_0)\mathrm{d}t_0=\sum_{\alpha,\beta}\int_{-\infty}^{t}r_a(z,t_0)\rho_{\alpha\beta}(z,t,t_0)|\alpha\rangle\langle\beta|\mathrm{d}t_0$$

对一个偶极矩而言，$\boldsymbol{P}=e\boldsymbol{\mu}$，对于一个由无数微观偶极矩组成的极化介质，需要加入 ρ 和 r_a 的分布，表现为

$$\boldsymbol{P}(z,t)=\int_{-\infty}^{t}r_a(z,t_0)\mathrm{Tr}[e\boldsymbol{\mu}\rho(z,t,t_0)]\mathrm{d}t_0=\sum_{\alpha,\beta}\int_{-\infty}^{t}r_a(z,t_0)\rho_{\alpha\beta}(z,t,t_0)e\boldsymbol{\mu}_{\beta\alpha}\mathrm{d}t_0$$

则在定义原子分布导致的 t_0 分布积分后，可以得到时域和频域上的：

$$\boldsymbol{P}(z,t)=N_a\sum_{\alpha,\beta}\rho_{\alpha\beta}(z,t)e\boldsymbol{\mu}_{\beta\alpha}$$

$$\boldsymbol{P}(z,\omega)=N_a\sum_{\alpha,\beta}\rho_{\alpha\beta}(z,\omega)e\boldsymbol{\mu}_{\beta\alpha}$$

由于以下的论述不涉及光在原子介质中的具体传输，所以可以认为所有的原子是一样的(这一点在考虑速度分布后需要附加上 Doppler 分布等统计性质)，故这里的 $\rho(z,t)$ 在下面的论述中用单原子的密度算符代替。同时，多能级原子在能级非简并情况下，原子系统 $\rho_{\alpha\beta}(z,\omega)$ 的有效值一般集中在能级 $|\alpha\rangle$ 和 $|\beta\rangle$ 对应的跃迁频率附近，不同频率的 $\rho_{\alpha\beta}(z,\omega)$ 的有效频率范围一般不会重叠。因此，一般地，对于一定频率的光场对应的介质极化，可以只考虑与之频率对应的两个能级(设为 $|1\rangle$，$|2\rangle$)的密度算符元即可，这个假设称为二能级近似(需要指出，在本书涉及的后续精细原子光学实验中，由于会遇到大量的超精细结构和 Zeeman 分裂，这种假设经常需要做一定的修正，更多的能级必须要考虑，这将在第 4 章进一步论述)。由于原子能级波函数宇称的奇偶性，$\langle 1|\boldsymbol{\mu}|1\rangle=\langle 2|\boldsymbol{\mu}|2\rangle=0$，有

$$\boldsymbol{P}(z,t)=N_a e[\rho_{21}(z,t)\boldsymbol{\mu}_{12}+\text{c.c.}]\xRightarrow{\text{假设}\mu_{12}=\mu_{21}=\mu}\boldsymbol{P}(z,t)=N_a e\boldsymbol{\mu}[\rho_{21}(z,t)+\text{c.c.}]$$

对于可以用波包表示的光场，其电场分量的复振幅表示为

$$\boldsymbol{E}(z,t)=\frac{1}{2}E_0(z,t)\mathrm{e}^{-\mathrm{i}(\omega t-kz)}+\text{c.c.}$$

故极化强度 $\boldsymbol{P}$ 也应写成

$$\boldsymbol{P}(z,t)=\frac{1}{2}P_0(z,t)\mathrm{e}^{-\mathrm{i}(\omega t-kz)}+\text{c.c.}$$

故

$$P_0(z,t)=\chi E_0=2N_a e\boldsymbol{\mu}\rho_{21}\mathrm{e}^{\mathrm{i}(\omega t-kz)}\Rightarrow 2N_a e\boldsymbol{\mu}=\chi \boldsymbol{E}_0\ \mathrm{e}^{-\mathrm{i}(\omega t-kz)}$$

注意：$\boldsymbol{E}_0$ 一般都是慢变的，而 ρ_{21} 本身含有 $\mathrm{e}^{-\mathrm{i}(\omega t-kz)}$，可以写成 $\rho_{21}=\tilde{\rho}_{21}\mathrm{e}^{-\mathrm{i}(\omega t-kz)}$ 形式，所以宏观与微观的介质极化的对应可以表示成

$$\chi=\tilde{\rho}_{21}\frac{2N_a e\mu}{E_0}$$

因此，通过 χ 表示的吸收色散性质可以由 $\tilde{\rho}_{21}$ 来表征，这就建立了宏观光学性质与微观原子状态的联系。当然，$\tilde{\rho}_{21}$ 的实部和虚部也需要满足 K-K 关系。

2.3.3　二能级系统的吸收与色散

对于光与二能级原子相互作用系统来说，通过对含弛豫项的相互作用系统密度矩阵方程的定态解可以得到密度矩阵的非对角元，进而得到吸收与色散的性质。在这里，由于篇幅限制，不详细叙述密度矩阵方程解的详细过程。根据图 2-4 得到二能级的解析解为

$$\tilde{\rho}_{21}=\frac{(\mathrm{i}\gamma-2\Delta)\Omega}{\gamma^2+(4\Delta^2+2|\Omega|^2)}\xRightarrow{\text{小信号}}-\frac{\Omega/2}{\Delta+\mathrm{i}\gamma/2}$$

式中，$\Delta=\omega-\omega_0$ 为光频率与原子共振能级的失谐量；γ 为自发辐射弛豫速率；Ω 为光场 Rabi 频率。由上式可知，$\tilde{\rho}_{21}$ 的虚部和实部分别对应吸收和色散。其虚部为 Lorenty Lorentz 谱，小信号下的带宽（半高全宽，Full Width Half Maxima，FWHM）为 γ。下面，我们依 Lorenty Lorentz 为基础计算二能级原子系综的吸收和色散谱。

根据密度矩阵的解我们可以求得单个二能级原子的电偶极矩期望值：

$$d=\mathrm{Tr}[er\rho]=\frac{E_0|e\mu_{12}|^2}{2\hbar(-\Delta-\mathrm{i}r/2)}\exp(-\mathrm{i}\omega t)+\text{c.c.}$$

介质中 N 个原子的电偶极矩之和，则为该介质的极化强度 P。那么

$$P=\frac{NE_0|e\mu_{12}|^2}{2\hbar(-\Delta-\mathrm{i}\gamma/2)}\exp(-\mathrm{i}\omega t)+\text{c.c.}$$

根据极化率 χ 的定义，有

$$\chi=\frac{N|e\mu_{12}|^2}{2\varepsilon_0\hbar(-\Delta-\mathrm{i}\gamma/2)}=-\frac{N|e\mu_{12}|\Delta}{2\varepsilon_0\hbar(\Delta^2+\gamma^2/4)}+\mathrm{i}\frac{N|e\mu_{12}|\gamma}{4\varepsilon_0\hbar(\Delta^2+\gamma^2/4)}$$

下面，用折射率的实部和虚部 n_r 表征介质的色散，虚部 n_i 来表征介质对光场的吸收，而不再换算到吸收和色散系数上。因此，在假设介质中各个原子都相同的条件下，介质的吸收和色散曲线如图 2-5 所示。

不难看出，此种情况下，吸收的 FWHM 为 γ，称为自然线宽。以铯原子 459.3 nm 吸收

线（$6S_{1/2} \to 7P_{1/2}$）为例，该吸收线的中心波长在 459.3 nm，其自然线宽为 0.14 MHz。这种情况下的吸收线称为 Lorentz 线形。

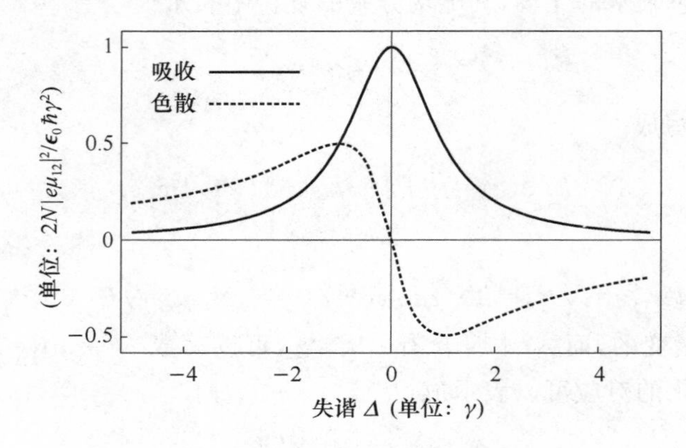

图 2-5　原子的吸收和色散谱

但介质中的原子不可能是毫无差别的。在原子气体中，原子具有热运动，其在光传播的 z 方向上的速度 v 满足 Maxwell 速率分布，速率为 v 的原子数密度满足：

$$f(v)=N\left(\frac{m}{2\pi kT}\right)^{\frac{1}{2}}\exp\left(\frac{-mv^2}{2kT}\right)$$

式中，N 为原子总数；m 为原子质量；k 为 Boltzmann 常数；T 为温度。由于 Doppler 效应，该原子的共振频率由ω_0 变为$\omega_0(1+v/c)$。若我们假设只有共振频率为光场频率的原子响应光场，且其吸收强度均相等。那么其吸收强度应正比于速率为 $\Delta c/\omega_0$ 的那一部分原子的数密度，即吸收强度为

$$\alpha\propto f(\Delta c/\omega_0)=N\left(\frac{m}{2\pi kT}\right)^{\frac{1}{2}}\exp\left(\frac{-m\Delta^2c^2}{2\omega_0^2kT}\right)$$

其吸收线形为高斯形，图 2-6 所示中已经以 Doppler 吸收线形的 FWHM 归一化。

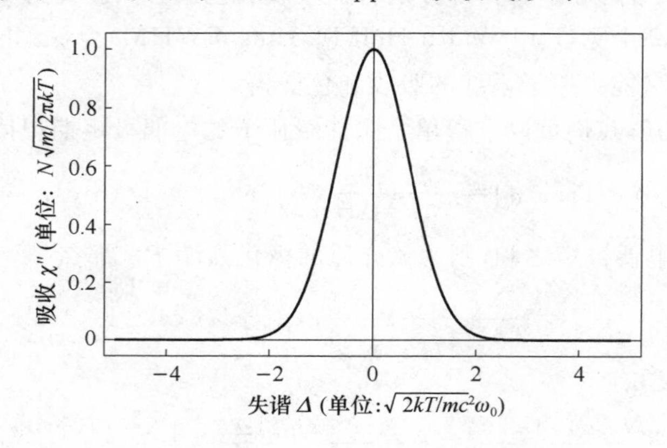

图 2-6　Doppler 吸收线形

不难看出，Doppler 吸收线形的 FWHM 为

$$\Delta\omega_D=\frac{2\omega_0\sqrt{\ln 2}\sqrt{2kT/m}}{c}$$

由此得到，在 300 K 室温下，铯原子的 D_1 线 Doppler 吸收线形的 FWHM 为 0.70 GHz。可见其比自然线宽要宽三个量级左右，室温下的吸收线形主要由 Doppler 展宽决定。

对速度为 v 的原子，其共振频率为 $\omega_0(1+v/c)$。对于此时的原子而言，光场的失谐为 $\omega_L-\omega_0(1+v/c)$，即 $\Delta-\omega_0 v/c$。那么所有原子对吸收或色散的贡献是对原子速率分布的积分：

$$\chi_D=\int_{-\infty}^{\infty}\frac{N\,|\mu_{12}|^2}{2\varepsilon_0\,\hbar(-\Delta+\omega_0 v/c-\mathrm{i}\gamma/2)}N\left(\frac{m}{2\pi kT}\right)^{1/2}\exp(-mv^2/2kT)\,\mathrm{d}v$$

定义等离子体色散函数为

$$W(x+\mathrm{i}y)=\frac{\mathrm{i}}{\pi}\int_{-\infty}^{+\infty}\frac{1}{x+\mathrm{i}y-t}\exp(-t^2)\,\mathrm{d}t=W_{\mathrm{Re}}(x+\mathrm{i}y)+\mathrm{i}W_{\mathrm{Im}}(x+\mathrm{i}y)$$

则有

$$\chi_D=\frac{N\,|\mu_{21}|^2}{2\omega_0\hbar}\frac{\sqrt{\ln 2}}{\sqrt{\pi}}\frac{\mathrm{i}}{\Delta v_{\mathrm{D}}}W(\nu+\mathrm{i}a)$$

式中，$a=\gamma\sqrt{\ln 2}/\Delta\omega_D$，$\nu=\Delta\sqrt{\ln 2}/\Delta\omega_{\mathrm{D}}$。得到的吸收曲线和色散曲线如图 2-7 所示，呈现 Voigt 线型。Voigt 线型的主要特点是，在失谐不太大的情况下，其和多普勒线形近似；当失谐很大时，其和洛伦兹线形近似。这里二能级的理论处理方法是第 4 章对原子滤光器透射谱计算的基础。

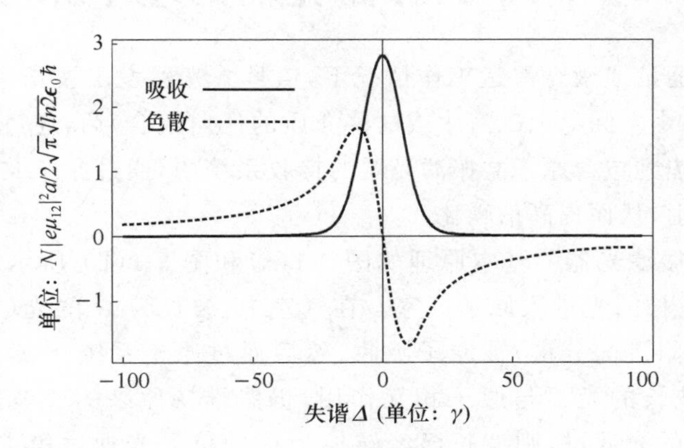

图 2-7　Voigt 线形（$a=0.1$）

第3章 原子共振滤光器

原子共振滤光器是原子滤光器历史发展的重要一环。1959年，N. Bloembergen提出了低噪声红外量子计数器的想法[44]。1978年，美国航空航天公司（Aerospace Corporation）的J. Gelbwachs等人在钠原子中实现了红外量子计数器[51]。1979年，美国劳伦斯·利弗摩尔（Lawrence Livermore）实验室的J. B. Marling等人在类似的结构中提出了原子共振滤光器的概念[52]。他们以钾原子为例，在可见光区进行了实验验证，并比较了钾、铷、铯三种原子用于这种原子滤光器的理论情况。随后，原子共振滤光器经历了十余年的快速发展，在碱金属、碱土金属和惰性气体中进行了大量的实验，取得了丰富的成果。

本章介绍原子共振滤光器的基本原理、主要性质和一些代表性工作。

3.1 原子共振滤光器的基本原理

在典型的激光通信或激光雷达工作情况下，信号激光器发出波长为λ_1的光信号，经过公开信道（可能是自由空间、大气、海水或这些介质的任何组合）后，通过大口径接收望远镜收集信号并将其聚焦到包含原子共振滤光器的接收系统中，通过原子共振滤光器滤除宽带太阳等宽带背景辐射，从而提高信噪比。

典型的原子共振滤光器的基本原理如图3-1(a)和图3-1(b)所示。第一个过滤器通过λ_1，允许波长比λ_1长的光进入原子气室。在气室中，波长为λ_1的光（包含信号和谱强度很弱的背景光在λ_1附近的分量）被原子吸收，然后通过原子系统转换为波长短得多的λ_2发射出来，而其他波长的光不与原子相互作用，仍然维持原来的长波长。第二个滤光片只允许波长比λ_2短的光通过，则波长已经转换为λ_2的信号光通过第二个滤光片，并由光电检测器（通常为PMT）检测。需要注意的是，输出输入信号的波长不一定是长波向短波转换，也可以短波向长波转换，这取决于原子能级结构、成像系统光学设计和探测器技术状态。

按照工作方式是否需要泵浦光，可以将原子共振滤光器分为被动式和主动式两类。在被动模式下，信号光直接激发基态能级到高激发态，输出高激发态向其他能级的跃迁波长。很直观的，这种工作模式一定是短波向长波转换的，且无法处理红外波长，因此适用性有限，再加上早期量子红外计数器的研究影响，原子共振滤光器的实验实现经常要处理的是红外探测问题，因此有源的主动式原子共振滤光器的相关研究工作更加丰富。

主动式原子共振滤光器的典型频率转换过程如图3-1(c)所示，原子被强泵浦光等方式激发到激发态能级$|2\rangle$，在信号光的作用下再被激发到更高的激发态$|3\rangle$，通过激发态$|3\rangle$向低能级弛豫产生输出信号。激发态$|3\rangle$向低能级弛豫通常有两种方法，一是直接通过电偶

极弛豫到$|5\rangle$,二是通过非辐射过程(如碰撞等)弛豫到$|4\rangle$,再由$|4\rangle$向其他能级通过电偶极弛豫产生光信号输出。很自然地,主动式原子共振滤光器通常是长波向短波转换,因此非常适用于红外探测等应用需求。此外,原子共振滤光器在泵浦源上的选择也不仅仅局限在光泵浦,电化学和光化学的泵浦方法也很有效[47]。然而,由于它们缺乏对期望原子能级选择性,后面这些过程往往效率低下,并且在原子过滤器中产生过多的噪声。

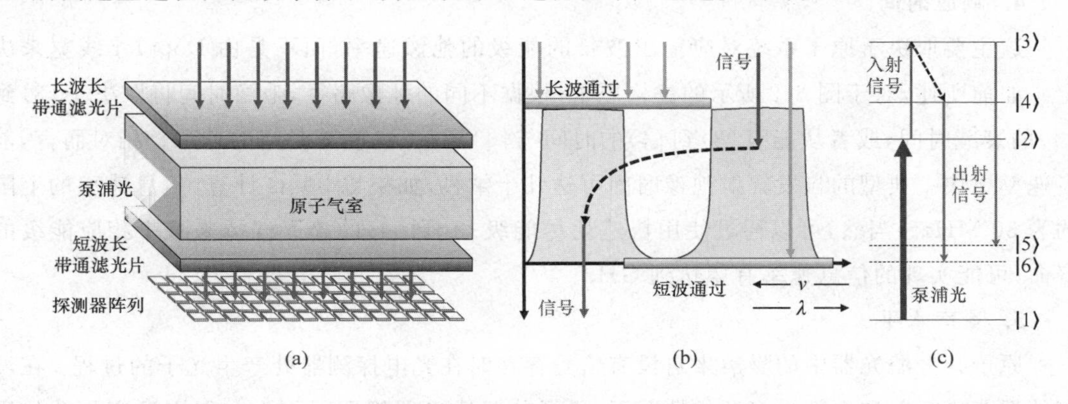

图 3-1 原子共振滤光器的基本原理示意

对于原子共振滤光器的比较全面的介绍可以参考 J. Gelbwachs 于 1988 年发表的综述文章,理想的原子共振滤光器的主要性能体现在以下几个方面[54]。

1. 对信号光的吸收

原子系统对信号光的吸收由吸收截面来表征。一般来说,光强为P_0的入射光随传输路径指数衰减,即

$$P(L)=P_0\exp(-N\sigma l)$$

式中,N为原子数密度;l为传输距离;σ为吸收截面,它在共振频率的值为

$$\sigma=\frac{e^2}{\varepsilon_0 m_e c\gamma}f=\frac{3}{2\pi}\lambda_0^2 f$$

式中,γ为吸收谱的线宽;f为振子强度;其他参数定义同第 2 章。上式第二个等号成立的条件是只考虑自发辐射展宽。据此,如果光强吸收按照以e^{-1}为标准,则粒子数需满足

$$N>\frac{1}{\sigma l}=\frac{\varepsilon_0 m_e c\gamma}{e^2 fl}=\frac{2\pi}{3\lambda_0^2 fl}$$

为了在数值上有一个宏观的理解,钠原子 D_1 线振子强度为 0.32,D_2 线为 0.64,波长 589 nm,吸收截面约为5×10^{-10} cm^2。对激发态而言,这个数要小两个数量级以上。需要注意的是,通常需要考虑 Doppler 展宽,这将使得 γ 增大一到两个数量级,并进一步降低吸收截面。因此,典型的吸收截面一般在10^{-11} cm^2,对通常几个厘米的原子气室来说,需要原子数密度达到$10^{10}\sim10^{12}$/cm^3,这通常对应碱金属 100 ℃左右的饱和蒸气。

2. 信号光波长转换为输出波长的效率

从图 3-1(c)所示的虚拟模型原子结构看,在信号波长由输入波长转换为输出波长的量子跃迁过程的路径上,可能影响转换效率的主要问题是非辐射跃迁,即由各种碰撞等过程带来的淬灭效应。但是在真实原子结构中,$|3\rangle$的向下不断跃迁的过程中不可避免地存在多路径跃迁的问题,部分跃迁发射波长可能超过第二滤光片的透过范围,造成效率损失。因

此，实际的能级结构选择和淬灭效应是需要考虑的问题。

3. 探测器在输出波长的量子效率

探测器的量子效率是保证接收效果的关键因素之一。商用成熟的光电倍增管和半导体单光子探测器都能够提供可见光区20%以上的量子效率，可以满足需求。

4. 响应时间

这主要取决于原子系统对应输出波长的能级的弛豫速率，而不是由Doppler线宽来决定。如前所述，对于图3-1所示的虚构原子，根据不同的弛豫路径，弛豫时间将取决于$|3\rangle$到$|4\rangle$的衰减时间，或者从能级$|3\rangle$到$|4\rangle$的时间与$|4\rangle$到$|6\rangle$的衰减时间的总和。相对而言，前者速率更快。典型的自发辐射弛豫时间可达几十纳秒，如果以30 ns计算，信息速率的上限约为30 MHz。当然，可以通过使用快速耗尽能级$|3\rangle$到$|4\rangle$的淬灭气体来减少相应能级的寿命，可能实现的信息速率有望达到GHz。

5. 噪声水平

原子共振滤光器中的噪声来自没有信号存在时在光电探测器处产生光子的过程。在没有外部背景辐射和内部噪声源的情况下，原子共振滤光器检测限将由与气室温度相关的黑体辐射引起的输出光电流的波动来确定。这种热源可以以两种方式产生照射PMT的光子：一种是输出滤光片的黑体辐射，一般认为其足够冷却，影响不大；另一种是气壁等的黑体辐射波长落入吸收带，随信号一起转化为输出光子，形成热噪声。

另外，在主动式原子共振滤光器中，还存在各种由泵浦源产生的其他噪声，如图3-1所示中到能级$|3\rangle$和$|4\rangle$多光子吸收过程、原子碰撞或缓冲气体的光子吸收、能量聚集碰撞(Energy-pooling Collisions)和等离子体形成及其中的原子和二聚体发射等。由于系统的复杂性和数据不足，这些过程产生的噪声是不可能精确计算的，需要凭经验确定原子数密度，缓冲气体压力和泵浦光强度，以尽量减少内部噪声的产生。

6. 背景跃迁路径

为了尽量减少与太阳等背景辐射连续源相关的噪声，理想的原子共振滤光器应仅拥有一个吸收跃迁路径，这一点实际上不可能做到。即使所有的通带路径均被合适的能级结构选择和滤光片设计消除，碱金属的超精细结构也将至少提供6条路径，即基态的两条超精细结构分裂和第一激发态$P_{1/2}$和$P_{3/2}$提供的至少4条跃迁路径，其裂距在GHz和百MHz左右，对原子共振滤光器是不能忽略的。

7. 光学带宽

若大多原子共振滤光器的带宽近似于Doppler宽度，则具有小Doppler宽度的原子共振滤光器具有较小的连续背景辐射，故而使用重元素相对于轻元素的元素在背景排斥方面有一定帮助。

但是，具体到实际应用上，尤其是需要考虑高速通信和高速平台的Doppler频移时，带宽就不是越小越好了。现代高速光通信对百GHz以上的速率要求和卫星平台等几十GHz的Doppler频移都需要更宽的带宽。增加原子带宽的方法通常用缓冲气体实现，不再详述。

需要注意的是，带宽的增加势必引入更多的噪声，从而降低背景抑制能力。

8. 泵浦光要求

一般来说，泵浦过程就是一个激光泵浦的过程。为了达到更高的激发态能级数，需要合适的泵浦激光波长、带宽和频率稳定性，以达到最优的泵浦效果。光学泵浦的理论已经发展得很成熟，在真实原子中理论计算也极其繁复，其理论计算方法和计算程序可以在 William Happer 的著作《Optically Pumped Atoms》中找到，此处不再赘述。

3.2 原子共振滤光器的实现和应用

3.2.1 原子共振滤光器的典型实现

原子共振滤光器的实验研究集中在 1990 年前后，在被动型和主动型上都有很多成果发表。值得注意的是，除碱金属外，原子共振滤光器在碱土金属等元素中的应用也得到了很多实验证实。

1. 被动式原子共振滤光器

针对钙元素 422.7 nm 的 Fraunhofer g 线，J. Gelbwachs 等人设计并实现了三能级被动式原子滤光器，可以作为被动式原子滤光器的典型实现方式[49]。钙原子简化能级如图 3-2(a) 所示。染料激光器输入 422.7 nm 的信号光，将钙原子从单重态的 4^1S 态激发到 4^1P 态，然后通过无辐射弛豫(通过缓冲气体氙)到三重态的 4^3P 态，4^3P 自发辐射到 4^1S 发出 657.3 nm 的信号光输出。值得一提的是，这个工作还研究了缓冲气体压强的影响，结果表明缓冲气体能够显著提高波长转换效率，但是也会同时增加带宽。

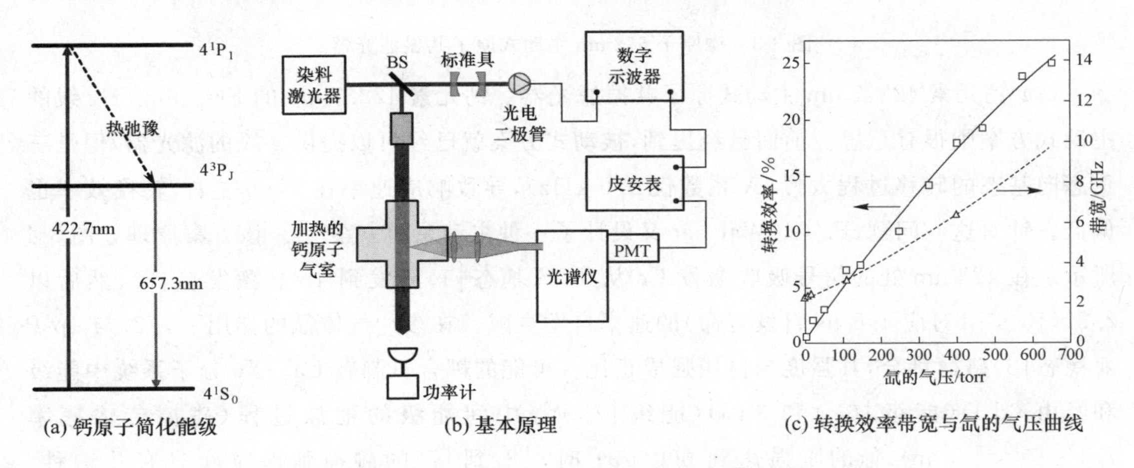

(a) 钙原子简化能级　(b) 基本原理　(c) 转换效率带宽与氙的气压曲线

图 3-2　钙原子 422.7 nm 被动式原子共振滤光器

类似的结构在铯原子中也得到了实验证实，铯原子的 6S 到 7P 跃迁能够提供 455.5 nm 和 459.3 nm 的信号吸收，经由多路径向下跃迁，最后通过 6P 到 6S 的 D 双线输出[46]。

2. 主动式原子共振滤光器

原子共振滤光器的很多主动式方案在碱金属和碱土金属中均得到了实验实现，从实现的种类和技术手段上都较被动式方案丰富得多。下面列举铷、钙和镁(二级泵浦)三种具有代表性的主动式实现。

(1) 铷元素 572 nm 主动式原子共振滤光器。1988 年，美国洛斯·阿拉莫斯实验室的 T. M. Shay 等人在铷原子中陆续实现了对 532 nm 和 572 nm 的主动式原子滤光[50,51]。以 572 nm为例，能级结构如图 3-3 所示，泵浦采用铷 D_1 线 795 nm，实验成功观测了在紫外波段的出射窄带出射光谱。

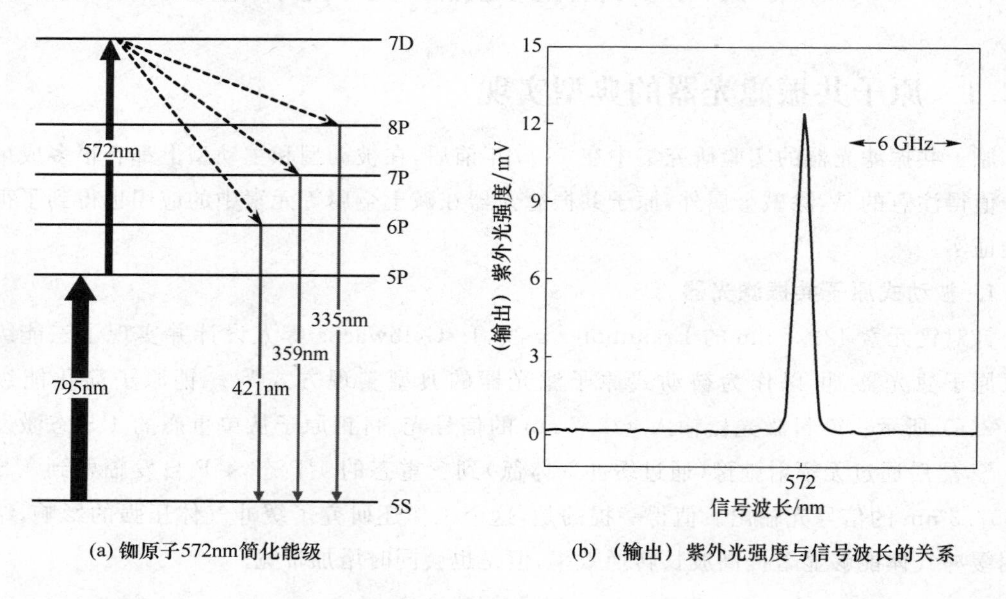

(a) 铷原子572nm简化能级　　(b) (输出) 紫外光强度与信号波长的关系

图 3-3　铷原子 572 nm 主动式原子共振滤光器

(2) 钙元素 422.7 nm 主动式原子共振滤光器。钙元素 422.7 nm 的 Fraunhofer g 线的主动式方案则很有意思。前面已经提到，被动式方案就已经可以提供 g 线的滤光器，但是三重态向基态的转移过程太慢(A 系数仅 0.9 kHz)，导致响应速率在 1 ms 左右，转换效率也偏低。针对这一问题，F. G. Walther 又设计了一种主动泵浦方案[52]。该方案原理如图 3-4 所示。在 423 nm 处的信号吸收激发 Ca 从 $4s^1S$ 基态 $|1\rangle$ 激发到 $4p^1P$ 激发态 $|2\rangle$，然后以 $2.2\times10^8\,s^{-1}$(对应 4.6 ns 自发寿命)的速率自发衰减。在缓冲气体氙的作用下，$|2\rangle$ 与 $4p^3P$ 亚稳态 $|3\rangle$ 碰撞耦合，其强度与氙压强成正比。可能的耦合机制有 Ca^*-Xe 分子系统中能级和经由 $3d^1D$(能级 $|6\rangle$)和 $3d^3D$(能级 $|7\rangle$)等中间能级的弛豫过程(碰撞传输速率 $7.4\times10^7\,s^{-1}/atm$}。氙的压强达到 600 torr 时，$|2\rangle$ 到 $|7\rangle$ 的碰撞弛豫时间只有几纳秒。$|7\rangle$ 到 $|3\rangle$ 的自发辐射速率为 $7.8\times10^5\,s^{-1}$(对应 1.3 μs)，这个时间主导了 $|2\rangle$ 到 $|3\rangle$ 的总转换时间，而这个时间对于一般的对日观测来说是可用的(对应云层典型散射导致的时间扩展在百微秒左右)。输出的关键在于将 $|3\rangle$ 上的原子弛豫出来变成光信号输出，而被动式方案中 $|3\rangle$ 到 $|1\rangle$ 的自发辐射时间太长，可以采用主动式方案。

主动方案采用 430 nm 泵浦，用以将原子从|3⟩泵浦到 $4p^{2\,3}P$ 能级|4⟩的转换。氩的碰撞迅速将|4⟩中的布居弛豫到上层的九个能级中，从而进一步通过多途径弛豫到|3⟩(直接或通过|7⟩)或|2⟩，最后回到基态|1⟩。可以看到，路径中存在从 $4p'^{3}F^{o}$ 能级|9⟩到|7⟩的 645 nm 附近谱线的多重线输出，实验测得的响应时间为 100 μs。

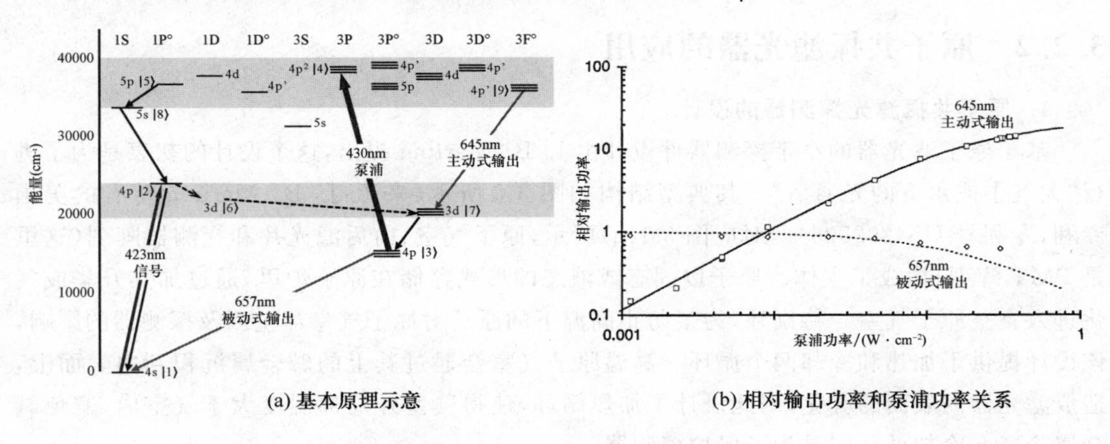

(a) 基本原理示意　　(b) 相对输出功率和泵浦功率关系

图 3-4　钙原子 422.7 nm 主动式原子共振滤光器

(3) 镁元素主动式原子共振滤光器。镁元素 518.4 nm 的 Fraunhofer b 线的主动式原子滤光器的实现方式采用了双光泵的方式[53]。相关的能级结构和实验架构如图 3-5 所示，其物理过程可以理解为以下两个双主动式过程。

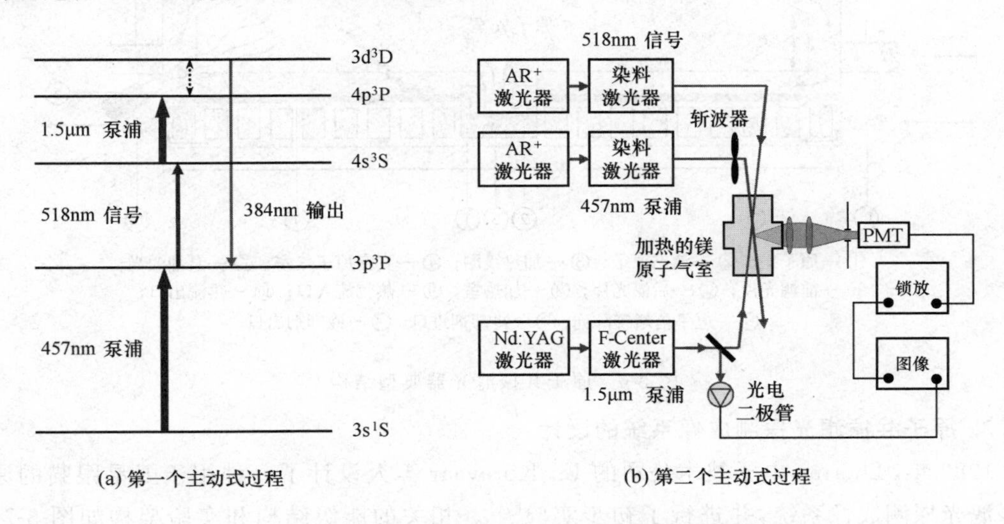

(a) 第一个主动式过程　　(b) 第二个主动式过程

图 3-5　镁原子 518.4 nm 主动式原子共振滤光器

第一个主动式过程用于满足最基本的激发态能级粒子数布居。镁原子通过 457 nm 激光制备到 $3p^3P$ 亚稳态，该亚稳态寿命约 6ms，维持该能级粒子数所需的激光功率需求不大。518 nm 信号光通过 $3p^3P$-$4s^3S$ 被亚稳态原子吸收，此跃迁线振子强度很大($f=0.14$)，能够有效吸收信号光。

第二个主动式过程用于提供频率转换。在吸收 518 nm 光子时，镁原子被激发至 $4s^3S$ 能级，进而通过 1.5 μm 的第二台激光器将 $4s^3S$ 级联泵浦到 $4p^3P$ 能级。$4p^3P$ 能级与相邻

$3d^3D$ 能级间隔仅 109 cm^{-1}，可通过缓冲气体碰撞有效混合（只需要几 torr 气压的缓冲气体即可）。由于 $3d^3D$ 能级简并数量与 $4s^3S$ 能级数量之比为 15∶3，通过 1.5 μm 激光泵浦和碰撞转移的组合，可以很容易地将大部分镁原子转移到 $3d^3D$ 能级。最后，$3d^3D$ 能级中的原子通过发射 384 nm 光子回到 $3p^3P$ 能级。

3.2.2 原子共振滤光器的应用

1. 原子共振滤光探测器的设计

基于原子滤光器的窄带探测器件设计由 J. B. Marling 提出，这个设计的初衷是为了进行“大气中或水下的光通信”。其典型结构如图 3-6 所示（来源：J. B. Marling 持有的美国专利，专利号 US4292526）。对应图 3-1(a)所示，原子气室、前后滤光片和探测器阵列（这里是 PMT 阵列）构成了主体。原子以固态或液态的形式存储在原子炉里，通过加热升华或气化进入真空原子气室。特别地，为了防止高温下的原子对原子气室器壁以及探测器的影响，该设计提供了加热和冷却两个循环。高温原子气室会通过其上的碱金属沉积到内表面上，造成滤光器内表面的雾化，因此设计了加热循环，使得气室外局部温度大于气室内，避免碱金属冷凝。冷却循环则是为了保护探测器。

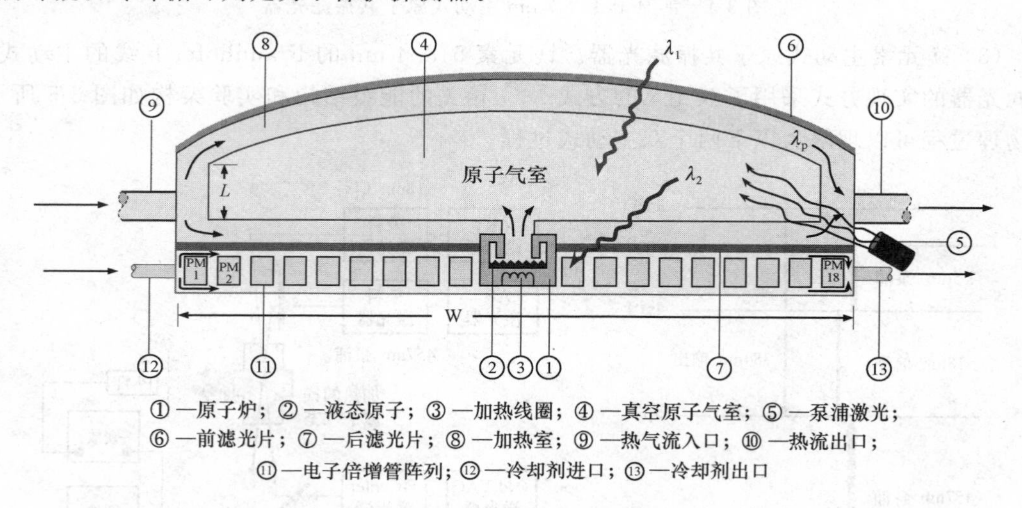

图 3-6　原子共振滤光器典型结构

2. 原子共振滤光探测成像系统的设计

1989 年，Thermo 电子技术公司的 E. Korevaar 等人设计了一种用于卫星跟瞄的原子共振滤光探测成像系统，并进行了初步实验[54]。相关的能级结构和实验架构如图 3-7(a)(b)所示，系统针对 852 nm 信号输入，采用 794 nm 半导体激光器泵浦，可以通过 8S-7P-6S 的级联辐射过程，形成 455 nm 蓝光输出。图 3-7(c)所示的是当时的实验结果，(1)是原图，(2)是通过滤光器的结果。可以看到，这种基于自发辐射过程的滤光系统能够具有成像功能。注意，为保证滤光能力，这里的铯原子气室非常薄，因此转换效率偏低。“……对于 0.01 cm的气室，ALF 的转换效率预计在 2%和 5%之间。如结合 MCP 的量子效率为 20%(在 455 nm 处)和 10%的收集效率，则可以实现约0.1%的总体器件效率。这并不比 852 nm

波长的其他低噪声(基于光阴极)成像探测器的性能差多少。……”

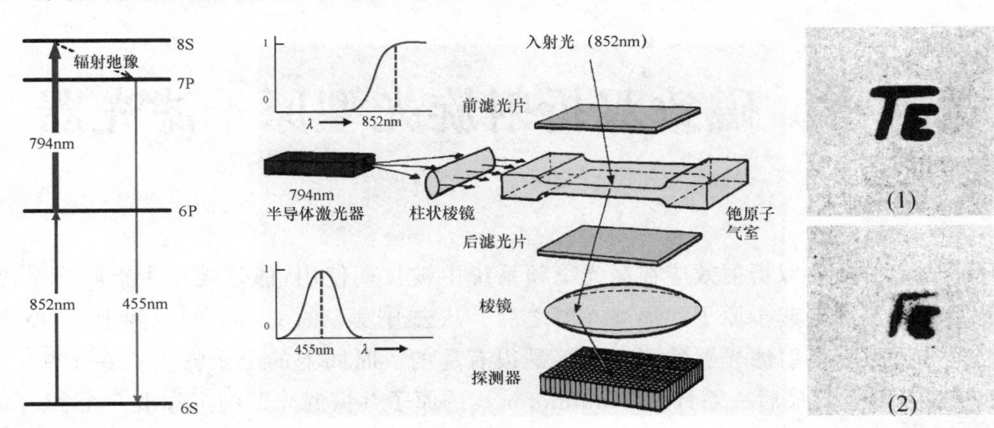

(a) 能级结构示意　(b) 实验架构　(c) 实验结果

图 3-7　原子共振滤光探测成像系统

3.3　原子共振滤光器的主要限制

原子共振滤光器的主要限制集中在以下两个方面。

1. 响应速率不高

原子滤光器的重要应用之一就是激光通信,而信息传输速率是激光通信应用的重要参数。原子共振滤光器能提供的最大信息率将由其响应时间决定。这主要取决于原子系统对应输出波长的能级的弛豫速率。如前所述,对于图 3-1 所示的虚构原子,弛豫时间决定于不同的弛豫路径的最长弛豫时间,以数十纳秒的自发辐射估计,信息速率的上限约为数十兆赫兹。使用快速耗尽能级 $|3\rangle$ 到 $|4\rangle$ 的淬灭气体来减少相应能级的寿命才有可能将信息速率提高到 GHz。无论如何,我们需要注意到,利用原子进行光学处理的过程中,原子的自发辐射速率将极大地限制光学信息处理速率。为了克服这一点,通常需要转到半导体量子结构中,从而牺牲掉气态原子系统的低噪声和窄带宽的优势。后面可以看到,利用磁致旋光效应的系统基本不受类似问题的限制,因而对高速激光通信系统等更加适用。

2. 成像不够清晰

原子共振滤光器的输出毕竟是基于自发辐射,因此保持输入输出光路的方向一致性是困难的,这对成像系统造成了严重的影响。如前所述,为达到成像目的,成像系统需要以大幅降低气室长度来克服这个影响,这种方式极大地牺牲了波长转换效率。这也是制约这种原子共振滤光器应用的另一个重要因素。

第4章 磁致双折射旋光型原子滤光器

原子气室的磁致双折射效应在激光稳频系统中被长期使用，但是被用于空间光学过程中的背景光抑制则兴起于原子共振滤光器之后。从公开发表的文献上的时间上看，原子共振滤光器和磁致双折射滤光器的研究衔接是很有趣的。时间上的分水岭大致在1992年前后。1992年，可查的最后一篇针对Fraunhofer线的原子共振滤光器的工作由J. Gelbwachs等报道[55]，在铊原子加热到450 ℃的情况下实现了45%的转换效率，同时进行了大量惰性缓冲气体的研究。1993年，J. Gelbwachs研究组报道了第一个钙的Fraunhofer g线的Faraday型原子滤光器[56]，在这里引述该文中的叙述如下：

"最近，一种新型的原子滤光器引起了人们的广泛关注。该滤光器采用了一种反常Faraday旋光效应，以在原子共振跃迁附近产生超窄带滤光的光。光学背景通过放置在气室两端的一对正交偏振片消除。这些滤光器提供的响应时间仅受带宽限制，并且具有成像保持的性质。因此，这些设备可能会支持需要GHz数据传输速率的通信系统。另外，它们的成像保持特性使这些滤光器非常适合观测应用。迄今为止，已经证明了三种磁光滤光器：1990年由Dick和Shay报道的在780 nm处的铷滤光器和Menders等人次年报道在852 nm和455 nm处的铯滤光器。最近，Chen等人演示了在强场极限下运行的钠滤光器。我们已经设计并开发了一款适用于水下应用的波长为422.7 nm的磁光滤光器。我们的滤光器运行在钙原子的共振跃迁上，滤光器通带覆盖太阳的Fraunhofer强线。Fraunhofer线的日光背景减少了98%，这样我们的滤光器就可以非常有利地减少阳光干扰。……"

可以看到，在这段叙述中，清晰地指出了Faraday型原子滤光器较原子共振滤光器的优势，即速率和成像特性。可以比较确信的猜测，这个判断和结果使得原子共振滤光器研究的代表人物J. Gelbwachs将对日观测滤光手段转移到了Faraday型上，基本结束了原子共振滤光器的研究热潮。

本章介绍Faraday型和Voigt型两种磁致原子滤光器。其中，以Faraday型为例，详细说明了其理论计算方法，可供后续研究参考。同时，本章结束时给出了两种滤光器的比较。

4.1 Faraday效应与Voigt效应

典型的(线性)磁致旋光效应有Faraday效应和Voigt效应两种。二者的主要区别是磁场方向不同。光的传播方向平行于磁场方向的旋光效应称为Faraday效应；光的传播方向垂直于磁场方向的旋光效应称为Voigt效应。为得到一个直观的印象，在进行量子力学的理论描述前，我们需要对二者的经典图景进行简单的叙述。Francis A. Jenkins在其经典著作*Fundamentals of Optics*中对二者有简洁清晰的叙述，将作为本节的主要参考[57]。

4.1.1 Faraday 旋光效应

Faraday 旋光效应由伟大的实验物理学家 Michael Faraday 于 1845 年在玻璃中发现，纵向(与光的传播方向相同)强磁场中的光学介质会改变线偏振光的偏振方向。后续大量的实验表明很多透明的固态、液态和气态光学介质都有类似的性质，且旋转角是磁场强度 B 和传播距离 l 的线性函数，即

$$\theta = VBl$$

式中，V 称为 Verdet 常数(费尔德常数)。

对 Faraday 效应的经典解释可以通过 Zeeman 效应解释。我们注意到磁场方向与光的传播方向是相同的，因此其"本征"的偏振光场为左旋圆偏振光和右旋圆偏振光。因此，在磁场下的 Zeeman 分裂能级分别对应各自的吸收和色散，如图 4-1 所示。可以看到，对不同的频率，介质呈现出对两个方向的圆偏振光的折射率是不同的，这是一种对这两个圆偏振的双折射现象。在这样的介质中，线偏振光的偏振方向会被旋转。

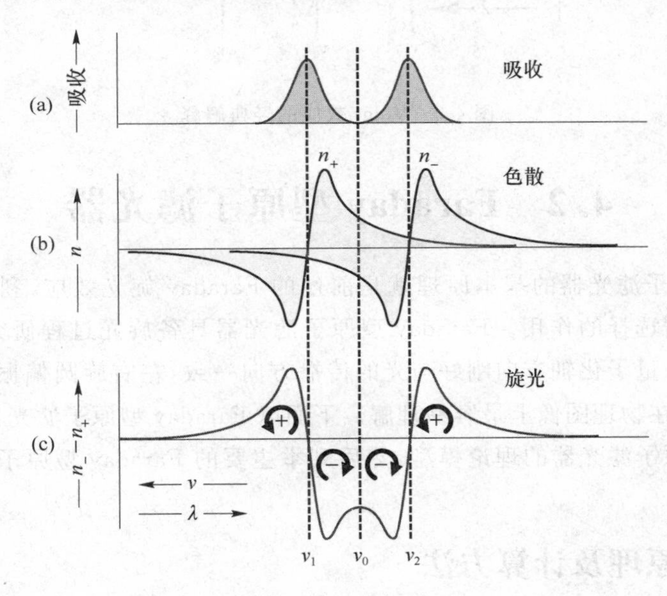

图 4-1 Faraday 旋光效应的经典解释

4.1.2 Voigt 双折射效应

在 Faraday 效应中，磁场与光的传播方向平行，形成磁致双折射现象。1902 年，德国物理学家 Woldemar Voigt 发现了在横向强磁场(与光的传播方向垂直)下，气体表现出了明显的双折射性质，这种双折射性质后来一般被称为 Voigt 磁致双折射效应。1907 年，法国物理学家 Aimé Cotton 和 Henri Mouton 在硝基苯(苦杏仁油)中也发现了横向磁场下的双折射现象，其磁光效果比气体中强三个数量级，因此横向磁场的磁致双折射现象有时候也被称为 Cotton-Mouton 效应。与 Faraday 效应类似，Voigt 双折射的物理根源也是在磁场下 Zeeman 分裂的光学表现，类似的分析如图 4-2 所示。由于原子滤光器的实现是在原子气室

中，不涉及液态问题，因此本书中只采用 Voigt 效应的说法。

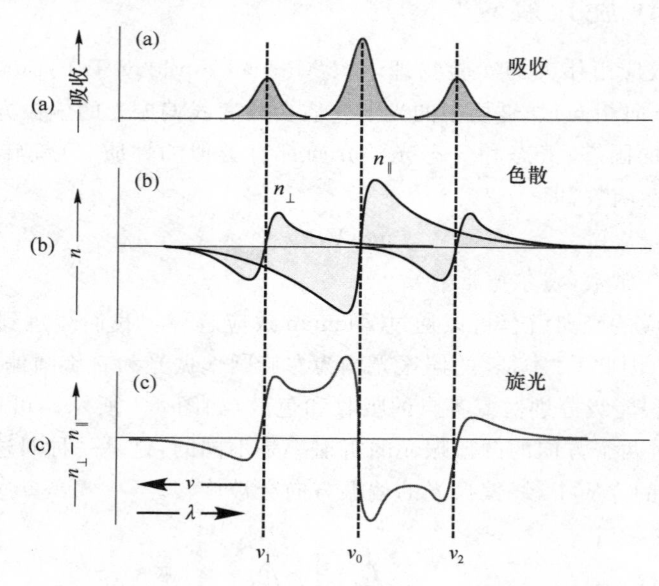

图 4-2 Voigt 效应的经典解释

4.2 Faraday 型原子滤光器

Faraday 型原子滤光器的基本原理就是前述的 Faraday 旋光效应，利用原子的窄带光谱特性来达到光谱选择的作用。Faraday 型原子滤光器具备旋光过程研究的普遍代表性，且由于磁场决定的量子化轴方向刚好与光的传播方向一致，左右旋圆偏振光刚好是两个本征偏振方向，因此在物理图像上最容易理解。下面以 Faraday 型原子滤光器为例，较为详细地介绍磁致旋光原子滤光器的理论模型，然后列举主要的 Faraday 型原子滤光器的元素及代表性实验实现。

4.2.1 基本原理及计算方法

Faraday 型是最早的磁致旋光型原子滤光器，最早的旋光过程的理论推导过程由 D. M. Camm 和 F. L. Curzo 于 1972 年以氙为对象给出[58]，并同时给出了 Voigt 横向磁场的情况。随后的重要理论进展包括 1980 年 G. J. Roberts 等人对铍原子的理论推导[59]、1982 年 P. Yeh 对 Faraday 型原子滤光器的全面分析[60]、1987 年 X. Chen 对铯 D_2 线的针对性分析[61]和 1991 年 B. Yin 和 T. M. Shay[62]加入了超精细结构后的修正理论。

由于对 Faraday 型原子滤光器已经有公开的计算软件 ElecSus[63]，这里就不再进行过于繁琐的真实原子计算，仅给出基本的计算方法和各参数的确定依据。为了保持叙述的完整性，省去读者前后翻阅的麻烦，对于第 2 章中的一些参数和概念将适度重复。

1. 旋光角

旋光角是 FADOF 理论中最重要的一个参数。在径向磁场下，旋光角 θ_F 的表达式为

$$\theta_{\mathrm{F}}=\frac{\pi}{2\lambda}Re[\chi'_{+}-\chi'_{-}]L$$

式中,$\chi_{\pm}$分别对应左右旋圆偏振光的极化率。下面所有计算的目的就是求出在磁场或电场影响下的$\chi_{\pm}$的变化情况,从而通过旋光角得出透射谱。

2. Faraday 型原子滤光器的半经典理论

在光场具有一定的强度,即其统计性质还可以用经典统计光学描述的情况下,在相互作用时不用将光场量子化。但是,实际原子气室内很多原子形成统计系综,需要考虑原子能级的自发辐射、原子之间的碰撞带来的阻尼项等对滤光器性能的影响,而这些项与经典理论模型是不兼容的。因此,需要将原子系综的密度矩阵算符引入,以精确描述原子系综的状态。这种描述在模型功能上是完整的。

(1) 原子基本参数的计算。

① 饱和蒸气压和原子数密度。碱金属原子的饱和蒸气原子数密度从气压计算得到,气压的计算公式采用 Antoine 公式[64]

$$P=10^{\frac{a-b}{T+c}}=\frac{N_{原子}kT}{133.32}$$

式中,压强 P 的单位为 mmHg;温度 T 的单位为℃,Boltzmann 常数 $k=1.38\times10^{-23}$ J/K,133.32 为帕斯卡与毫米汞柱的换算系数,原子数密度单位在这里取 m^{-3},系数 a, b, c 如表 4-1 所示。四种常用碱金属原子的饱和蒸气压原子数密度与温度的关系如图 4-3 所示。碱金属原子饱和蒸气原子数密度如表 4-2 所示。

表 4-1 碱金属原子饱和蒸气压计算公式系数

碱金属原子	a	b	c
Na	7.335 76	5 060.967 5	254.35
K	6.974 31	4 143.927 1	254.47
Rb	6.999 92	3 926.175 1	265.16
Cs	6.675 20	3 515.758 2	255.57

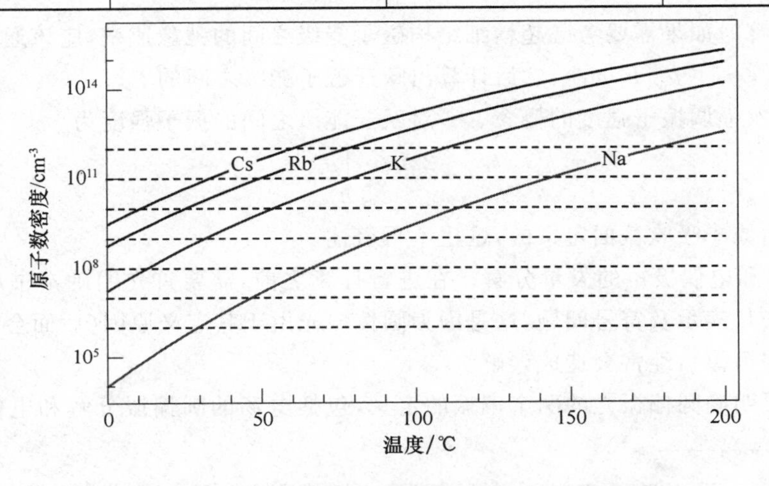

图 4-3 饱和蒸气状态的碱金属原子数密度与温度的关系

表 4-2　碱金属原子饱和蒸气原子数密度

碱金属原子	$10^{14}/\mathrm{cm}^3$	$10^{13}/\mathrm{cm}^3$	$10^{12}/\mathrm{cm}^3$	$10^{11}/\mathrm{cm}^3$	$10^{10}/\mathrm{cm}^3$	$10^{9}/\mathrm{cm}^3$	$10^{8}/\mathrm{cm}^3$
Na	273.78 ℃	221.93 ℃	179.51 ℃	144.14 ℃	114.18 ℃	88.48 ℃	66.16
K	191.49 ℃	146.43 ℃	109.79 ℃	79.39 ℃	53.75 ℃	31.81 ℃	12.83
Rb	154.58 ℃	112.40 ℃	78.06 ℃	49.53 ℃	25.46 ℃	4.85 ℃	—
Cs	132.84 ℃	92.63 ℃	60.10 ℃	33.22 ℃	10.63 ℃	—	—

② 真实原子的跃迁矩阵元。设 z 轴为量子化轴，真实原子的电子能级的本征态描述应为 $\{|n,L,S,J,F,m_{\rm F}\rangle\}$，则电偶极跃迁矩阵元的计算过程分为以下三步（适用范围 $\boldsymbol{L}+\boldsymbol{S}=\boldsymbol{J}$，$\boldsymbol{J}+\boldsymbol{I}=\boldsymbol{F}$）[①]。

A. 磁子能级。$\langle F',m_{\rm F}'|e\mu_q|F,m_{\rm F}\rangle$ 去对称性，满足（Wigner-Eckart 定理）：

$$\langle F',m_{\rm F}'|e\mu_q|F,m_{\rm F}\rangle=(-1)^{F-1+m_{\rm F'}}\sqrt{2F+1}\begin{pmatrix}F & 1 & F'\\ m_{\rm F} & q & -m_{\rm F'}\end{pmatrix}\langle F'\|e\boldsymbol{\mu}\|F\rangle$$

B. 超精细结构。$\boldsymbol{J}+\boldsymbol{I}=\boldsymbol{F}$ 去耦合过程，满足（Wigner-Eckart 定理计算直积张量算符矩阵元）：

$$\begin{aligned}\langle F'\|e\boldsymbol{\mu}\|F\rangle&=\langle J',I',F'\|e\boldsymbol{\mu}\|J,I,F\rangle\\&=(-1)^{F+J'+1+I'}\sqrt{(2F+1)(2J'+1)}\begin{Bmatrix}J' & J & 1\\ F & F' & I\end{Bmatrix}\langle J'\|e\boldsymbol{\mu}\|J\rangle\end{aligned}$$

C. 能级寿命。

跃迁矩阵元与能级寿命之间的关系为

$$\Gamma=\frac{1}{\tau}=\frac{\omega_0^3}{3\pi\varepsilon_0\hbar c^3}\frac{2J+1}{2J'+1}|\langle J\|e\boldsymbol{\mu}\|J'\rangle|^2$$

注意，这里的 $(2J+1)/(2J'+1)$ 的来源为能级简并。对于两个单能级 a 和 b 之间的跃迁，其弛豫速率 Γ 通过 WW 近似计算得到：

$$\Gamma_{\rm ab}=\frac{\omega_0^3|\mu_{\rm ab}|^2}{3\pi\varepsilon_0\hbar c^3}$$

所以，计算时如果需要考虑超精细结构磁子能级之间的弛豫速率，应该通过能级寿命的 Γ 值，反推 $\langle F',m_{\rm F'}|e\mu_{\rm q}|F,m_{\rm F}\rangle$，然后计算出跃迁磁子能级之间的 $\Gamma_{\rm ab}$。

最后，再次强调振子强度的概念。一对跃迁能级之间的振子强度为

$$f=\frac{2m_{\rm e}\omega_0|\mu_{\rm ab}|^2}{3\hbar}$$

振子强度是由原子吸收截面定义的，这里不再赘述。

(2) 电场和电偶极矩的矢量分解。在进行计算之前，需要首先明确本书所涉及较多的圆偏振光的矢量表示及符号问题，这是因为圆偏振光由于其定义原因（后面会看到其定义背后有深刻的守恒律），经常会造成误解。

首先需要明确圆偏振光的两个偏振的定义，包括电场的圆偏振分解和电偶极矩的圆偏

① 关于 Wigner-Eckart 定理及其对角动量耦合的应用，参见喀兴林先生的《高等量子力学（第二版）》，高等教育出版社。

振分解。圆偏振对应的实际是光场的手性，而这个定义由于历史原因有不同的表述。这里我们采用光学的定义，即正对光传播方向(暂定为 z 方向)，逆时针旋转的为左旋偏振，顺时针旋转的为右旋偏振(采用右手定则时，符合右手定则的为左旋光)。采用这个定义的原因是在我们目前研究的领域内，尤其指包括 E. Wolf 和 D. Budker 的著作在内的本领域主要著作中都是这样定义的。

① 电场的矢量分解。电场的矢量表示为

$$\boldsymbol{E}=(\boldsymbol{e}_x E_x+\boldsymbol{e}_y E_y+\boldsymbol{e}_z E_z)\mathrm{e}^{-\mathrm{i}\omega t}+\mathrm{c.c.}$$

注意：圆偏振的偏振矢量和振幅与笛卡儿坐标系的 x，y，z 三分量的关系为

$$\begin{cases}\boldsymbol{e}_+=-\dfrac{\boldsymbol{e}_x+\mathrm{i}\boldsymbol{e}_y}{\sqrt{2}}\\ \boldsymbol{e}_-=+\dfrac{\boldsymbol{e}_x-\mathrm{i}\boldsymbol{e}_y}{\sqrt{2}}\end{cases},\quad \begin{cases}E_+=-\dfrac{E_x-\mathrm{i}E_y}{\sqrt{2}}\\ E_-=\dfrac{E_x+\mathrm{i}E_y}{\sqrt{2}}\end{cases},\quad \Bigg|\quad \begin{cases}\boldsymbol{e}_x=-\dfrac{\boldsymbol{e}_+-\boldsymbol{e}_-}{\sqrt{2}}\\ \boldsymbol{e}_y=\mathrm{i}\dfrac{\boldsymbol{e}_++\boldsymbol{e}_-}{\sqrt{2}}\end{cases},\quad \begin{cases}E_x=-\dfrac{E_+-E_-}{\sqrt{2}}\\ E_y=-\mathrm{i}\dfrac{E_++E_-}{\sqrt{2}}\end{cases}$$

这里需要特别重视电场的矢量表示中的共轭项 c. c.，并注意到$\boldsymbol{e}_+^*=-\boldsymbol{e}_-\neq\boldsymbol{e}_+$的情况，上式代入电场的矢量表示式，可以得到：

$$\boldsymbol{E}=(\boldsymbol{e}_+E_++\boldsymbol{e}_-E_-+\boldsymbol{e}_zE_z)\mathrm{e}^{-\mathrm{i}\omega t}+(\boldsymbol{e}_+^*E_+^*+\boldsymbol{e}_-^*E_-^*+\boldsymbol{e}_zE_z^*)\mathrm{e}^{\mathrm{i}\omega t}$$

② 电偶极矩的矢量分解

原子的电偶极矩算符的矢量分解与电场有一定的区别。为什么要使用“圆偏振”光？其根源之一就在于原子的电偶极矩及跃迁选择定则。同样的，z 轴为量子化轴(即原子的本征态按照 J_z采用本征态)。原子的电偶极跃迁选择定则的数学根源是电偶极矩矩阵元的计算规则。正统的量子力学理论推导需要引入不可约张量理论，可以参见任何一本高等量子力学教材，这里不再赘述。其结论(一秩的 Wigner-Eckart 定理)如下：

设描写一个系统的基矢是$\{|n,J,m\rangle\}$，则电偶极跃迁矩阵元为

$$\langle n',J',m'|\mu_q|n,J,m\rangle=(-1)^{j'-m'}\begin{pmatrix}J' & 1 & J\\ -m' & q & m\end{pmatrix}\langle n',J'\|\boldsymbol{\mu}\|n,J\rangle$$

式中，$\boldsymbol{\mu}$ 的三个分量满足$=\mu_{\pm,z}$，

$$\mu_1=\mu_+=-\frac{\mu_x+\mathrm{i}\mu_y}{\sqrt{2}},\quad \mu_{-1}=\mu_-=\frac{\mu_x-\mathrm{i}\mu_y}{\sqrt{2}},$$

$$\mu_0=\mu_z$$

约化矩阵元$\langle n,J\|\boldsymbol{\mu}\|n',J'\rangle$决定自发辐射速率，可由实验值反推。而跃迁选择定则是对称性的体现，由 $3j$ 系数决定。根据 $6j$ 系数不为零的条件，即 $q=m'-m$ 及三角形条件，可以得到**电偶极跃迁选择定则**为：$\Delta j=0,\pm1,\Delta m=0,\pm1(m'-m=q)$(在真实原子里，考虑到 LS 耦合时，需要加上其他条件，包括 $\Delta L=\pm1$ 等。)。

由于 $\boldsymbol{\mu}$ 三分量为一秩不可约张量三分量，具有严格的数学形式，而又需要按照光场偏振决定单位矢量 $\boldsymbol{e}_\pm$ 来进行分解以便于计算，故只能将 $\boldsymbol{\mu}$ 的分解形式写成：

$$\boldsymbol{\mu}=\mu_+\boldsymbol{e}_+^*+\mu_-\boldsymbol{e}_-^*+\mu_z\boldsymbol{e}_z=-\mu_-\boldsymbol{e}_+-\mu_+\boldsymbol{e}_-+\mu_z\boldsymbol{e}_z$$

在这个分解形式中，如果将坐标系还原到电场三分量坐标系中，$\boldsymbol{\mu}$ 的前两个分量形式要交换。

(3) 极化率的计算。

① 一阶微扰下的 Liouville 方程。任何类似相互作用的计算方法均为 Liouville 方程+微扰论,方程形式为:

$$\frac{\mathrm{d}\rho_{ij}(t)}{\mathrm{d}t}=\frac{1}{i\hbar}\{[H_0,\rho(t)]_{ij}+[H_I,\rho(t)]_{ij}\}+\left.\frac{\partial\rho_{ij}}{\partial t}\right|_{\Gamma}$$
$$=\frac{1}{i\hbar}\{\hbar\omega_{ij}\rho_{ij}(t)+[\xi H^I,\rho(t)]_{ij}\}-\Gamma_{ij}\rho_{ij}(t)$$

其中,方程第一个等号后的式子为标准的 Hamiltonian 加上随机扰动;第二个等号后式子中的 ξ 为微扰项强度。根据微扰理论,将 ρ 按照 ξ 做级数展开,有

$$\rho_{ij}=\sum_{n=0}^{\infty}\xi^n\rho_{ij}^n$$

将微扰项取到一阶,可以得到一阶微扰方程为

$$\frac{\mathrm{d}\rho_{ij}^{(1)}(t)}{\mathrm{d}t}=\frac{1}{i\hbar}\{\hbar\omega_{ij}\rho_{ij}^{(1)}(t)+[H^I,\rho_{ij}^{(0)}]_{ij}\}-\Gamma_{ij}\rho_{ij}^{(1)}(t),$$

注意:$\rho_{ij}^{(0)}$ 是不随时间变化的。为了清楚地表明这一点,在上式中显式地标明了 $\rho_{ij}^{(0)}$ 和 $\rho_{ij}^{(1)}$ 对时间的依赖。

② 相互作用 Hamiltonian 的显式表达及一阶微扰解。

在电偶极跃迁的情况下,H^I 的表达式为

$$H^I(t)=-e\boldsymbol{\mu}\cdot\boldsymbol{E}(t)=-\frac{1}{2}\sum_{k=x,y,z}e\mu^k[\mathscr{E}_k(\omega)\mathrm{e}^{-\mathrm{i}\omega t}+\mathrm{c.c.}],$$

式中,$e\boldsymbol{\mu}$ 为电偶极矩。将 $\rho_{ij}^{(1)}(t)$ 按照正负频分解,在旋转波近似下可以得到 $\rho_{ij}^{(1)}(t)$ 的解为

$$\rho_{ij}^{(1)}(\omega)=\frac{1}{\hbar}\sum_{k=x,y,z}\frac{e\mathscr{E}_k\mu_{ij}^k(\rho_{jj}^{(0)}-\rho_{ii}^{(0)})}{\omega-\omega_{ij}+\mathrm{i}\Gamma_{ij}}=\frac{1}{\hbar}\frac{e(\rho_{jj}^{(0)}-\rho_{ii}^{(0)})}{\omega-\omega_{ij}+\mathrm{i}\Gamma_{ij}}\sum_{k=x,y}\mathscr{E}_k\mu_{ij}^k,$$

注意:μ_{ij} 可能是复数。

③ 极化矢量。极化矢量 $\boldsymbol{P}(t)$ 应该为原子系统的电偶极矩的统计平均值,为

$$\boldsymbol{P}(t)=\langle -Ne\boldsymbol{\mu}\rangle=-Ne\mathrm{Tr}[\rho^{(1)}(t)\boldsymbol{\mu}]=\frac{1}{2}[\mathscr{P}(\omega)\mathrm{e}^{-\mathrm{i}\omega t}+\mathscr{P}^*(\omega)\mathrm{e}^{\mathrm{i}\omega t}],$$

注意,在纵向磁场情况下,可以认为 $\mathscr{P}(\omega)$ 无 z 向分量,仅需计算 $\mathscr{P}_x(\omega)$ 和 $\mathscr{P}_y(\omega)$ 即可。将 $\rho_{ij}^{(1)}(\omega)$ 的表达式带入上式,可以得到

$$\mathscr{P}x(\omega)=-Ne\sum_{i,j}\rho_{ij}^{(1)}\mu_{ji}^x=-\frac{Ne^2}{\hbar}\sum_{i,j;k=x,y,z}\mu_{ji}^x\frac{\mathscr{E}_k\mu_{ij}^k(\rho_{jj}^{(0)}-\rho_{ii}^{(0)})}{\omega-\omega_{ij}+\mathrm{i}\Gamma_{ij}},$$
$$\mathscr{P}y(\omega)=-Ne\sum_{i,j}\rho_{ij}^{(1)}\mu_{ji}^y=-\frac{Ne^2}{\hbar}\sum_{i,j;k=x,y,z}\mu_{ji}^y\frac{\mathscr{E}_k\mu_{ij}^k(\rho_{jj}^{(0)}-\rho_{ii}^{(0)})}{\omega-\omega_{ij}+\mathrm{i}\Gamma_{ij}}.$$

④ 本征模式和圆偏振光。介质的极化率矢量 $\boldsymbol{P}(\omega)$ 和入射电磁波的电场分量之间通过极化率张量联系(均用其频谱表示),

$$\boldsymbol{P}(\omega)=\begin{bmatrix}\mathscr{P}_x(\omega)\\\mathscr{P}_y(\omega)\\\mathscr{P}_z(\omega)\end{bmatrix}=\varepsilon_0\begin{bmatrix}\chi_{xx}^{(1)}(\omega)&\chi_{xy}^{(1)}(\omega)&\chi_{xz}^{(1)}(\omega)\\\chi_{yx}^{(1)}(\omega)&\chi_{yy}^{(1)}(\omega)&\chi_{yz}^{(1)}(\omega)\\\chi_{zx}^{(1)}(\omega)&\chi_{zy}^{(1)}(\omega)&\chi_{zz}^{(1)}(\omega)\end{bmatrix}\begin{bmatrix}\mathscr{E}_x(\omega)\\\mathscr{E}_y(\omega)\\\mathscr{E}_z(\omega)\end{bmatrix},$$
$$=\begin{bmatrix}\mathscr{P}_+(\omega)\\\mathscr{P}_-(\omega)\\\mathscr{P}_z(\omega)\end{bmatrix}=\varepsilon_0\begin{bmatrix}\chi_{++}^{(1)}(\omega)&\chi_{+-}^{(1)}(\omega)&\chi_{+z}^{(1)}(\omega)\\\chi_{-+}^{(1)}(\omega)&\chi_{--}^{(1)}(\omega)&\chi_{-z}^{(1)}(\omega)\\\chi_{z+}^{(1)}(\omega)&\chi_{z-}^{(1)}(\omega)&\chi_{zz}^{(1)}(\omega)\end{bmatrix}\begin{bmatrix}\mathscr{E}_+(\omega)\\\mathscr{E}_-(\omega)\\\mathscr{E}_z(\omega)\end{bmatrix}.$$

要特别注意的是，$\boldsymbol{\mu}$ 的分解在H^1和 $\boldsymbol{P}$ 中的使用是不一样的，前者是乘积关系，而后者是对应关系。所以，在 $\boldsymbol{P}$ 的分解中需要将 $\boldsymbol{\mu}$ 置于 $\boldsymbol{E}$ 的三分量坐标下，μ_+ 和 μ_- 在计算中需要交换。

据此，以 $\boldsymbol{P}_+(\omega)$ 为例，可以得到：

$$\boldsymbol{P}_+(\omega)=Ne\sum_{i,j}\rho_{ij}^{(1)}\mu_{ji}^-=\frac{Ne^2}{\hbar}\sum_{i,j}\frac{(\rho_{jj}^{(0)}-\rho_{ii}^{(0)})}{\omega-\omega_{ij}+\mathrm{i}\Gamma_{ij}}(\mathscr{E}_+\mu_{ij}^+\mu_{ji}^-+\mathscr{E}_-\mu_{ij}^-\mu_{ji}^-+\mathscr{E}_z\mu_{ij}^z\mu_{ji}^-).$$

注意到$\langle i|\mu^+|j\rangle=-\langle j|\mu^-|i\rangle^*$，在径向磁场下，由于能级跃迁的选择定则，电偶极矩阵元不为零的只有$\langle m+1|\mu^+|m\rangle$，$\langle m-1|\mu^-|m\rangle$和$\langle m|\mu^z|m\rangle$三种，故 $\mu_{ij}^-\mu_{ji}^-=\mu_{ij}^z\mu_{ji}^-=0$。因此，

$$\chi_{++}=-\frac{Ne^2}{\varepsilon_0\hbar}\sum_{i,j}\frac{(\rho_{jj}^{(0)}-\rho_{ii}^{(0)})}{\omega-\omega_{ij}^++\mathrm{i}\Gamma_{ij}}|\mu_{ij}^+|^2,\quad \chi_{+-}=\chi_{+z}=0$$

ω_{ij}^+ 的上标表示只考虑 $m\to m+1$ 的跃迁。同理，可以得到：

$$\chi_{--}=-\frac{Ne^2}{\varepsilon_0\hbar}\sum_{i,j}\frac{(\rho_{jj}^{(0)}-\rho_{ii}^{(0)})}{\omega-\omega_{ij}^-+\mathrm{i}\Gamma_{ij}}|\mu_{ij}^-|^2,\quad \chi_{-+}=\chi_{-z}=0$$

$$\chi_{zz}=-\frac{Ne^2}{\varepsilon_0\hbar}\sum_{i,j}\frac{(\rho_{jj}^{(0)}-\rho_{ii}^{(0)})}{\omega-\omega_{ij}^z+\mathrm{i}\Gamma_{ij}}|\mu_{ij}^z|^2,\quad \chi_{z+}=\chi_{z-}=0$$

即在圆偏振情况下，极化率是对角化的，介质呈现出的**本征模式**是圆偏振，故而极化率可以用矢量形式替代张量形式表达。由于光场为横波，且在这种极化率情况下不会发生方向偏移，故极化率的 z 分量不起作用，下面仅就 χ_{++} 和 χ_{--} 来讨论，并简化成 $\chi_\pm$。在本征模式下，极化率可以直接对应两个旋光分量的折射率，然后根据折射率单独计算两个旋光分量在传输过程中相位和振幅的变化，最后合成即可。

⑤ 基态跃迁和旋波近似。

在原子跃迁的下能级是基态能级的情况下，上述式子中的 i，j 中的一个为特殊的基态。在通常情况下，可以假设在零阶时原子布居在基态上。这样，可以将 $\chi_\pm$ 写成

$$\begin{aligned}\chi_\pm&=-\frac{Ne^2}{\varepsilon_0\hbar}\sum_{i,g}\rho_g^{(0)}|\mu_{ig}^\pm|^2\left(\frac{1}{\omega-\omega_{ig}^\pm+\mathrm{i}\Gamma_{ig}^\pm}-\frac{1}{\omega-\omega_{gi}^\pm+\mathrm{i}\Gamma_{gi}^\pm}\right)\\&=-\frac{Ne^2}{\varepsilon_0\hbar}\sum_{i,g}\rho_g^{(0)}|\mu_{ig}^\pm|^2\left(\frac{1}{\omega-\omega_{ig}^\pm+\mathrm{i}\Gamma_{ig}^\pm}-\frac{1}{\omega+\omega_{ig}^\pm+\mathrm{i}\Gamma_{ig}}\right)\\&\approx-\frac{Ne^2}{\varepsilon_0\hbar}\sum_{i,g}\frac{\rho_g^{(0)}|\mu_{ig}^\pm|^2}{\omega-\omega_{ig}^\pm+\mathrm{i}\Gamma_{ig}^\pm}\end{aligned}$$

其中，$\omega_{ig}=\omega_i-\omega_g=-\omega_{gi}>0$，故 $\omega-\omega_{gi}=\omega+\omega_{gi}\approx2\omega_{gi}\gg\omega-\omega_{ig}$，$\Gamma_{ig}^\pm$，从而上式中的约等号成立，这个近似等同于量子光学中的旋波近似。

⑥ Doppler 效应。进一步地，需要引入温度影响。温度会引起原子速度呈高斯分布，在频率上即 Doppler 展宽。原子速度的 Doppler 分布为

$$f(v)\mathrm{d}v=\frac{1}{v_D\sqrt{\pi}}\exp\left(-\frac{v^2}{v_D^2}\right)\mathrm{d}v,\quad v_D=\sqrt{\frac{2k_BT}{m_A}}$$

式中，v_D为 Doppler 展宽；v 为原子速度。将上式转化为频率，原子运动速度带来 Doppler 频移，其效果为原子感受到的光场频率发生 $2\pi\cdot v/\lambda$ 的频率移动，即

$$\chi_{\pm}(\omega)=\int_{-\infty}^{\infty}\left[-\frac{Ne^2}{\varepsilon_0\hbar}\sum_{i,g}\frac{\rho_g^{(0)}\ |\mu_{ig}^{\pm}|^2}{\omega-(v/\lambda)-\omega_{ig}^{\pm}+\mathrm{i}\Gamma_{ig}^{\pm}}\right]\frac{1}{v_D\sqrt{\pi}}\exp\left(-\frac{v^2}{v_D^2}\right)\mathrm{d}v$$

$$=-\frac{Ne^2}{\varepsilon_0\hbar}\frac{1}{v_D\sqrt{\pi}}\sum_{i,g}\rho_g^{(0)}\ |\mu_{ig}^{\pm}|^2\int_{-\infty}^{\infty}\frac{\exp\left(\frac{-v^2}{v_D^2}\right)\mathrm{d}v}{\omega-(2\pi v/\lambda)-\omega_{ig}^{\pm}+\mathrm{i}\Gamma_{ig}^{\pm}}$$

⑦ 基态能级的热分布。在 χ 的表达式中，所有参数都可以通过计算和查表(需查表的参数包括 m_A，ω_{ij}，Γ_{ij}，μ_{ij} 等)确定，没有明确的只剩下 $\rho_g^{(0)}$(ω_{ig} 在静磁场下有 Zeeman 移动)。在基态情况下，$\rho_g^{(0)}$ 符合热分布，即平衡态 Maxwell-Boltzman 统计：

$$\rho_g^{(0)}=\exp\left(\frac{-E_g}{k_BT}\right)\Big/\sum_{\alpha=1}^{n}\exp(-E_\alpha/k_BT)$$

式中，E_g 表示 $\rho_g^{(0)}$ 对应能级的能量(可用相对频率差计算)。

(4) Zeeman 分裂(能级分裂和本征态)。至此，在 χ 的表达式中，只有 ω_{ig} 尚未阐明计算方法。在纵向磁场下，原子能级本征态仍然维持 $|F,m_F\rangle$，所以 $\mu_{ig}^{\pm}$ 不随磁场变化。且容易证明，在 F 相同的情况下，$|\mu_{ig}^{+}|=|\mu_{ig}^{-}|$，所以两个旋光分量在折射率上的唯一区别只体现在 $\omega_{ig}^{\pm}$ 上。

在弱磁场情况下的能级移动可以简单地表述为

$$\hbar\Delta\omega_{m_F}^{B}=\mu_B g_F m_F B_z \tag{4-1}$$

式中，Landé 因子计算方法为

$$\begin{cases} g_F=g_J\dfrac{F(F+1)-I(I+1)+J(J+1)}{2F(F+1)}+g_I\dfrac{F(F+1)-J(J+1)+I(I+1)}{2F(F+1)} & \boxed{\boldsymbol{J}+\boldsymbol{I}=\boldsymbol{F}} \\ \quad\approx g_J\dfrac{F(F+1)-I(I+1)+J(J+1)}{2F(F+1)}, & \\ g_J=g_L\dfrac{J(J+1)-S(S+1)+L(L+1)}{2J(J+1)}+g_S\dfrac{J(J+1)-L(L+1)+S(S+1)}{2J(J+1)} & \boxed{\boldsymbol{L}+\boldsymbol{S}=\boldsymbol{J}} \\ \quad\approx 1+\dfrac{J(J+1)-L(L+1)+S(S+1)}{2J(J+1)}. & \end{cases} \tag{4-2}$$

式中，计算依据为 $g_L=1-m_e/m_{\mathrm{nuc}}\approx1$，$g_S\approx2$。通过以上计算即可得到能级分裂的具体值。所以有 $\omega_{ig}^{\pm}=\omega_{0ig}^{\pm}+\Delta\omega_i^B-\Delta\omega_g^B$。

(5) 透射谱。根据上述计算步骤，可以计算出 $\chi_{\pm}$ 的数值，从而进一步得到透射率。入射光通过第一片偏振片后的光场可以表示为

$$E=\frac{1}{\sqrt{2}}E_0[\hat{e}_+\mathrm{e}^{\mathrm{i}k_+z}+\hat{e}_-\mathrm{e}^{\mathrm{i}k_-z}]\mathrm{e}^{\mathrm{i}\omega t}$$

其中

$$k_+=\frac{\omega}{c}n_{++}\approx\frac{\omega}{c}\left(1+\frac{1}{2}\chi_{++}\right)=\frac{\omega}{c}n_++\frac{1}{2}\alpha_+$$

$$k_-=\frac{\omega}{c}n_{--}\approx\frac{\omega}{c}\left(1+\frac{1}{2}\chi_{--}\right)=\frac{\omega}{c}n_-+\frac{1}{2}\alpha_-$$

其在 y 轴上的分量可表示为

$$E_y=\frac{\mathrm{i}}{2}E_0\hat{y}[\mathrm{e}^{\mathrm{i}k_+z}-\exp^{\mathrm{i}k_-z}]\mathrm{e}^{\mathrm{i}\omega t}$$

设泡长为 L，那么透射光场电场分量为

$$E_t=\frac{i}{2}E_0\hat{y}(e^{ik_+L}-e^{ik_-L})\exp(-i\omega t)$$

则透射率为

$$T=|E_t|^2/|E_0|^2=\frac{1}{2}\exp(-\bar{\alpha}L)[\cosh(\Delta\alpha L)-\cos(2\rho L)] \tag{4-3}$$

其中，$\bar{\alpha}=(\alpha_+ + \alpha_-)/2$，为左旋光和右旋光的平均吸收率；$\Delta\alpha=(\alpha_+ - \alpha_-)/2$，称为二色性；$\rho=\omega(n_+ - n_-)/2c$，为旋光系数。

4.2.2 原子滤光器透射率的一个例子

如前所述，目前已经完成了原子滤光器透射谱的全部计算。为了更直观地理解这个物理系统的性质，我们以碱金属 $nS_{1/2}$ 到 $mP_{1/2}$ 的精细结构跃迁为例，进行简单的分析。之所以选择这样一个精细结构跃迁的原因，是这个跃迁是原子结构中能够形成磁致旋光效应最简单的跃迁结构，具有最少的子能级跃迁谱线，同时碱金属也是我们重点研究的对象。

经过简单的推导计算，可以得到在 $nS_{1/2}$ 到 $mP_{1/2}$ 构型下，有

$$\bar{\alpha}=\frac{\sqrt{\ln 2}}{\sqrt{\pi}}\frac{N\omega_0}{4\hbar c\varepsilon_0\Delta v_D}[|\mu_-|^2 W_{\mathrm{Re}}(\nu+\delta+ia)+|\mu_+|^2 W_{\mathrm{Re}}(\nu-\delta+ia)]$$

$$\Delta\alpha=\frac{\sqrt{\ln 2}}{\sqrt{\pi}}\frac{N\omega_0}{4\hbar c\varepsilon_0\Delta v_D}[|\mu_+|^2 W_{\mathrm{Re}}(\nu-\delta+ia)-|\mu_-|^2 W_{\mathrm{Re}}(\nu+\delta+ia)]$$

$$\rho=\frac{\sqrt{\ln 2}}{\sqrt{\pi}}\frac{N\omega_0}{4\hbar c\varepsilon_0\Delta v_D}[|\mu_+|^2 W_{\mathrm{Im}}(\nu-\delta+ia)-|\mu_-|^2 W_{\mathrm{Im}}(\nu+\delta+ia)]$$

式中，$\delta=2\sqrt{\ln 2}\Delta_M/\Delta\omega_D$，$\mu_+=\langle 1/2|e\mu|-1/2\rangle$，$\mu_-=\langle -1/2|e\mu|1/2\rangle$，$W_{\mathrm{Re}}$和$W_{\mathrm{Im}}$为等离子体扩散函数的实部和虚部。

在共振点（$v=0$，即未加磁场时入射光的共振频率），透射率公式简化为

$$T=\exp(-\bar{\alpha}L)\sin^2(\rho L)$$

当 $\bar{\alpha}\approx 0$，$\rho L=\pi/2$ 时，透射率接近 1。

当失谐很大时，旋光系数和磁感应强度成正比，而与光频成反比，呈现远失谐 Faraday 效应的特点：

$$\rho\approx\frac{\sqrt{\ln 2}}{\sqrt{\pi}}\frac{N\omega_0|\mu_+|^2}{4\hbar c\varepsilon_0\Delta v_D}\left(\frac{1}{\nu-\delta}-\frac{1}{\nu+\delta}\right)\approx\frac{\sqrt{\ln 2}}{\sqrt{\pi}}\frac{N\omega_0|\mu_+|^2}{4\hbar c\varepsilon_0\Delta v_D}\frac{2\delta}{\nu^2}\propto\frac{B}{\omega^2}$$

需要指出的是，上式清晰地显示出，旋光系数的大小与原子数密度和振子强度都成正比关系，这对于元素及其跃迁谱线的选择十分关键。

4.2.3 主要例证

本节介绍具有代表性的几种 Faraday 型原子滤光器的例子，主要包括钠、钾、铷、铯这四种碱金属，作为碱土金属的钙，以及氦、氖等惰性气体。

1. 碱金属 Faraday 型原子滤光器举例

碱金属 Faraday 型原子滤光器的基本构造（图 1-2）自 1956 年 Y. Öhmans 提出后，基本没有大的变化，主要进展体现在不同波长和工作参数上。因此，如非必要，不对其实验结构做过多描述。

（1）钠元素 Faraday 型原子滤光器。由于太阳 Fraunhofer 钠黄双线的原因，钠元素的 Faraday 型滤光器的研究开始得较早，1975 年就用于对日观测[65]。IBM 的 P. P. Sorokin 等人也早在 1969 年就将其用于激光稳频[66]。1993 年，科罗拉多大学的 H. Chen 和 ThermoTrex 公司的 P. Searcy 等人系统地研究了针对钠元素 589 nm 双线的 Faraday 型原子滤光器[67]。在 1750 G 磁场、189 ℃工作温度下，钠原子在 0.76 cm 的原子气室长度下即达到了最高 85%的透射率。其典型透射谱如图 4-4 所示，可以看到 D_2 线和 D_1 线的透射谱是不一样的。值得一提的是，2014 年，德国斯图加特大学 I. Gerhardt 等人进一步针对钠 Faraday 型原子滤光器的最优工作点进行了细致研究[74]。

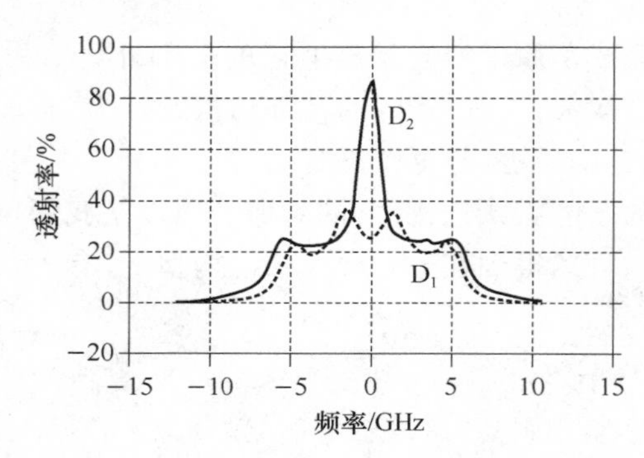

图 4-4 钠元素 589 nm Faraday 型原子滤光器典型透射谱

（2）钾元素 Faraday 型原子滤光器。1992 年，T. M. Shay 等人理论计算了钾元素 Faraday 型原子滤光器的参数性能[69]。1996 年，美国海军空战中心的 E. T. Dressler 等人发展了该理论并实验实现了钾元素 Faraday 型原子滤光器[76]。在 100G 磁场、200 ℃工作温度下，钾原子 D_1 线在 7.5 cm 的原子气室长度下达到了最高 75%的透射率。钾元素 770 nm Faraday 型原子滤光器典型透射谱如图 4-5 所示，其呈现典型的双峰线翼工作模式。钾元素 D_2 线的早期工作主要由哈尔滨工业大学掌蕴东教授研究组完成，2000 年报道了 815G 磁场、134 ℃工作温度、10 cm 气室长度下实现了 71%的透射率[71]。

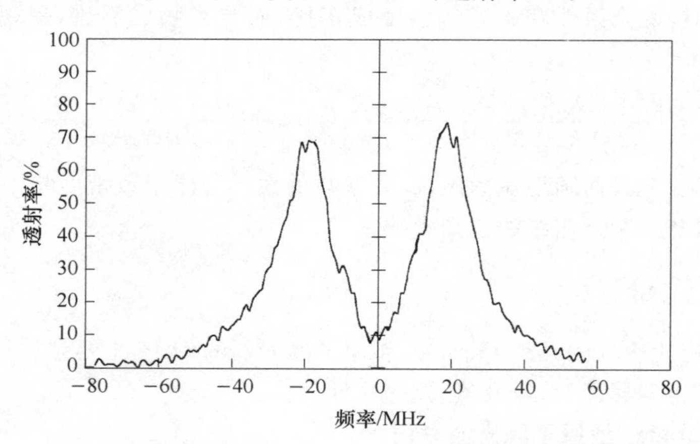

图 4-5 钾元素 770 nm Faraday 型原子滤光器典型透射谱

(3) 铷元素 Faraday 型原子滤光器。铷元素 Faraday 型原子滤光器首次实验由 T. M. Shay 等人于 1991 年完成，实验用的是 D_2 线[72]。由于铷原子天然的两种同位素丰度可比拟，因此 ^{85}Rb 和 ^{87}Rb 同位素都有显著影响。实验采用磁场值为 47G、工作温度 100 ℃、原子气室长度 7.62 cm，结果呈现出典型的四峰结构，结果如图 4-6 所示。注意到这项工作中磁场强度相对不大，所以四峰结构非常清晰。铷原子 D_1 的实验实现于 2012 年，由西班牙光子科学研究所在磁场值为 45G、工作温度为 92 ℃（文中未表明气室长度）的工作环境下完成[73]。铷元素 780 nm Faraday 型原子滤光器曲型透射谱如图 4-6 所示。

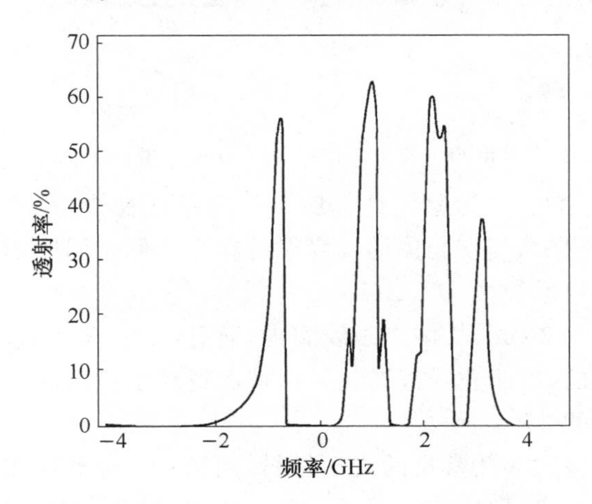

图 4-6　铷元素 780 nm Faraday 型原子滤光器典型透射谱

(4) 铯元素 Faraday 型原子滤光器。与其他几种碱金属以 D 双线为主的结果不同，铯元素 Faraday 型原子滤光器 6S-7P 跃迁的跃迁双线也有实验结果报道。实际上，铯原子的首次 Faraday 型原子滤光器报道采用的是 $6S_{1/2}$-$7P_{3/2}$ 的跃迁谱线，在 200G 磁场、140 ℃下测得透射率可达 82%，由 Thermo 电子技术公司的 J. Menders 等人于 1991 年完成[74]。他们同时报道了 852 nm D_2 线的实验实现，采用 100G 磁场、80 ℃下测得透射率为 48%。这两个实验的透射谱如图 4-7 所示，注意 459 nm 的微弱透射也被观察到。2015 年，北京大学大幅优化了 459 nm 谱线的实验参数，在 323G 磁场、179 ℃工作温度、5 cm 气室长度下实现了 98%的峰值净透射率[75]。

2. 碱土金属 Faraday 型原子滤光器举例

碱土金属由于升华温度要求高，原子密度低，气室制备困难，因此实现得很少。早期的碱金属 Faraday 型原子滤光器于 1993 年在 J. Gelbwachs 研究组首先实现[62]，但只体现在钙元素中，其动机依然是对日光 Fraunhofer 线的应用。在这项工作中，在 460G 磁场下，钙被加温到 480 ℃，经过 6 cm 原子气室，实现了 45%的峰值透射率。这项实验的透射谱为典型的线翼结构，在此不再详述。

需要指出的是，这种高温工作下的原子滤光器的实现是相当困难的。我们从作者的实验描述中可见一斑：

"…… 钙蒸气包含在 6 cm 长的非磁性不锈钢气室中。安装在气室两端的蓝宝石窗口允许激光通过。用包裹在气室周围的电热丝加热气室。用位于气室外部各个位置的热电耦监测气室温度。将科研级的钙金属屑(99%纯度)装载到独立加热至 450 ℃的侧臂附件中(对

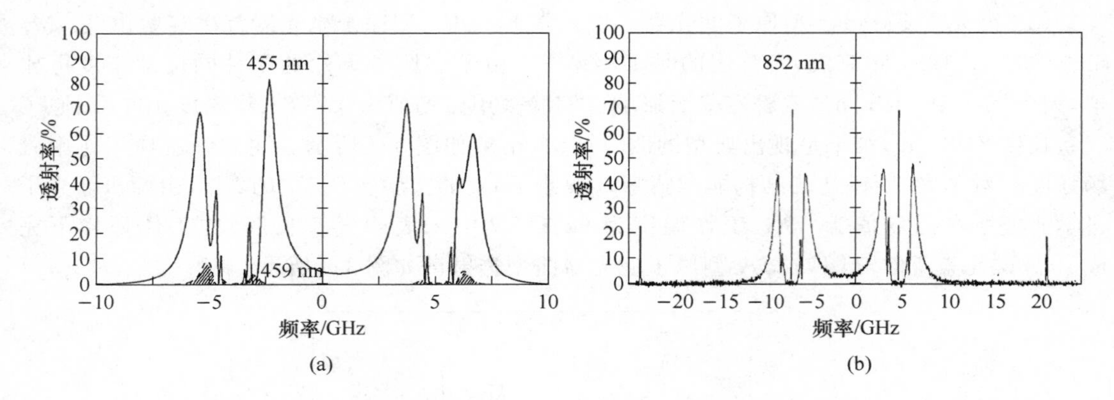

图 4-7　铯元素 455 nm（a）和 852 nm（b）Faraday 型原子滤光器典型透射谱

应 $8\times10^{11}\,m^{-3}$ 的钙蒸气密度）。为避免钙金属蒸气凝结在窗户上，将几 torr 氩气作为缓冲气体引入气室中，并且窗户和气室壳体的温度保持在高于侧臂温度 50 ℃。气室通过高温阀门连接到气体处理和真空系统。

钙蒸气室放置在一个 25 cm 长的电磁线圈内，通过约 20 A 的直流电产生高达 460G 的轴向磁场。线圈是水冷的，以防止导线过热并保持磁场稳定。用高斯计校准磁场，发现磁场的变化小于蒸气室长度的 2%。

由于热钙蒸气会伤害大多数常见的光学材料，例如 Pyrex 玻璃和石英。所以，我们也被迫使用蓝宝石作为单元窗口，即使蓝宝石是一种双折射材料。尽管蓝宝石对钙蒸气的侵蚀比较有抵抗力，但我们的蓝宝石窗口在长期暴露在 500°C 温度下后也最终变暗了。另一种选择是使用热管炉(heat-pipe oven)来容纳钙蒸气。在热管炉中，光学窗口被冷的惰性缓冲气体保护以防止热金属蒸气伤害，这种热管式原子炉可能是钙磁光滤波器的理想蒸气室。为了区分来自钙蒸气的双折射贡献和来自蓝宝石窗口的双折射贡献，沿着窗口表面的两个蓝宝石窗口的有效主轴与进入滤光单元的垂直偏振激光对齐。因此，只有偏振旋转的信号光会经过出射窗口的双折射效应。在组装气室之前，我们测量了窗户的双折射特性，将在 422.7 nm 处表现出最小双折射的蓝宝石窗口用作出射窗口。……”

可以看到，碱土金属的低饱和气压极大地增加了实验实现的难度，因此有关碱土金属的报道在很长时间没有新进展。我们将在第 7 章介绍解决这类问题的新方法。

3. 惰性元素 Faraday 型原子滤光器举例

考虑到原子(非分子状态)系统 Zeeman 效应的普遍性，惰性气体元素也应存在强的磁光效应，并能够实现 Faraday 型原子滤光器。氖元素 Faraday 型原子滤光器早在 1978 年就有报道，当时的日本京都大学 T. Endo 等人报道了利用氖原子 Faraday 型原子滤光对将染料激光器稳频到氖原子 1S 到 2P 的共振线上，文中同时给出了可查的第一个对 Faraday 型原子滤光器的针对性理论推导，并计算了透射谱[76]。

该实验在氖的放电管中进行，氖原子压强为 0.5～2 torr，供电电压为 10～70 mA，保证 1S 态上的粒子数密度维持到 $10^{13}\sim10^{12}/cm^3$，线圈产生磁场高达 2500G。在气压达到 1.3 torr、电压为 40 mA 的环境下，成功实现了单模振荡，稳定性为±75 Hz。

4.3　Voigt 型原子滤光器

Voigt 型原子滤光器的研究相对 Faraday 型的少得多，主要原因是 Voigt 型的透射率相对 Faraday 型要小一些，下面进行简单介绍。

4.3.1　基本原理及计算方法

原子气室的 Voigt 旋光效应的一般理论由 M. Yamamoto 和 S. Murayama 于 1979 年给出[77]。2015 年，M. D. Rotondaro 等人给出了磁场方向的一般理论，其基本方法是在 Faraday 型基础上进行坐标变换[78]。由于 M. D. Rotondaro 等人在文中已经有了完整的叙述，这里仅就 Voigt 型作简化论述。Voigt 型原子滤光器原理示意如图 4-8 所示。

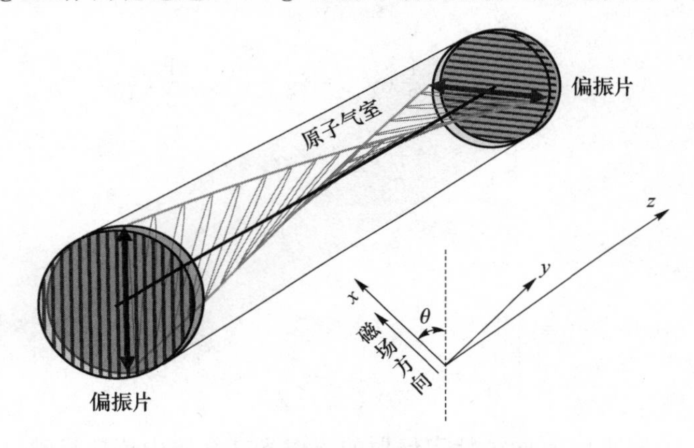

图 4-8　Voigt 型原子滤光器原理示意图

介质的光学性质由磁场方向和原子系统决定，磁场决定了量子化轴，在处理介质光学性质时仍然应该以磁场为主轴，这与 Faradays 型是一样的。相对于磁场方向平行于光传播方向的情形而言，系统只是绕 y 轴整体旋转了 90°而已。旋转之后的极化率可以表示为

$$\chi_{\mathrm{vd}} = \boldsymbol{T}\chi_{\mathrm{fd}}\boldsymbol{T}^{-1}$$

式中，χ_{vd} 为 Vogit 旋光在笛卡儿坐标系下的极化率；χ_{fd} 为 Faraday 旋光在笛卡儿坐标系下的极化率；$\boldsymbol{T}$ 为绕 y 轴旋转 90°的变换矩阵，即

$$\boldsymbol{T} = \begin{pmatrix} 0 & 0 & 1 \\ 0 & 1 & 0 \\ -1 & 0 & 0 \end{pmatrix}$$

在球基矢 (Spherical Base)$\{\boldsymbol{e}_+, \boldsymbol{e}_0, \boldsymbol{e}_-\}$的基矢下，Faraday 旋光极化率是对角的。其中

$$\begin{bmatrix} \boldsymbol{e}_+ \\ \boldsymbol{e}_0 \\ \boldsymbol{e}_- \end{bmatrix} = T_{\mathrm{u}} \begin{bmatrix} \boldsymbol{x} \\ \boldsymbol{y} \\ \boldsymbol{z} \end{bmatrix}, \quad T_{\mathrm{u}} = \begin{pmatrix} -\dfrac{1}{\sqrt{2}} & -\dfrac{\mathrm{i}}{\sqrt{2}} & 0 \\ 0 & 0 & 1 \\ \dfrac{1}{\sqrt{2}} & -\dfrac{\mathrm{i}}{\sqrt{2}} & 0 \end{pmatrix}$$

且 Faraday 旋光极化率在球基矢下的极化率 χ_{fs} 可以写为

$$\chi_{\mathrm{fs}}=\begin{pmatrix}\chi_{++} & 0 & 0\\ 0 & \chi_{00} & 0\\ 0 & 0 & \chi_{--}\end{pmatrix}$$

故在笛卡儿坐标系下可以写为

$$\chi_{\mathrm{fd}}=T_{\mathrm{u}}{}^{-1}\chi_{\mathrm{fs}}T_{\mathrm{u}}=\begin{pmatrix}\frac{1}{2}(\chi_{++}+\chi_{--}) & \frac{\mathrm{i}}{2}(\chi_{++}-\chi_{--}) & 0\\ -\frac{\mathrm{i}}{2}(\chi_{++}-\chi_{--}) & \frac{1}{2}(\chi_{++}+\chi_{--}) & 0\\ 0 & 0 & \chi_{00}\end{pmatrix}$$

则

$$\chi_{\mathrm{vd}}=T\chi_{\mathrm{fd}}T^{-1}=\begin{pmatrix}\chi_{00} & 0 & 0\\ 0 & \frac{1}{2}(\chi_{++}+\chi_{--}) & \frac{\mathrm{i}}{2}(\chi_{++}-\chi_{--})\\ 0 & -\frac{\mathrm{i}}{2}(\chi_{++}-\chi_{--}) & \chi_{00}\end{pmatrix}$$

则介电常数张量为

$$\varepsilon_{\mathrm{vd}}=1+\frac{1}{2}\chi_{\mathrm{vd}}=\begin{pmatrix}\chi_{00} & 0 & 0\\ 0 & \frac{1}{2}(\chi_{++}+\chi_{--}) & \frac{\mathrm{i}}{2}(\chi_{++}-\chi_{--})\\ 0 & -\frac{\mathrm{i}}{2}(\chi_{++}-\chi_{--}) & \chi_{00}\end{pmatrix}$$

对于每一个入射方向 s，有两个特定偏振的入射光在介质中传播将不发生双折射，其传播的电场矢量和电位移矢量可以写为 $\boldsymbol{D}=D_0\exp\left[\mathrm{i}\left(\frac{n\omega}{c}s\cdot z-\omega t\right)\right]$，$\boldsymbol{E}=E_0\exp\left[\mathrm{i}\left(\frac{n\omega}{c}s\cdot z-\omega t\right)\right]$。根据 Maxwell 方程有

$$\nabla\times\boldsymbol{H}=\frac{\partial}{\partial t}\boldsymbol{D}\tag{4-4}$$

$$\nabla\times\boldsymbol{E}=-\frac{\partial}{\partial t}\boldsymbol{B}\tag{4-5}$$

利用 $\boldsymbol{D}=\varepsilon_0\varepsilon_{\mathrm{vd}}\boldsymbol{E}$，$\boldsymbol{B}=\mu_0\boldsymbol{H}$，将式(4-5)代入式(4-4)可以得到：

$$[\varepsilon_{\mathrm{vd},ij}-n^2(\delta_{ij}-s_is_j)]E_j=0$$

解相应的久期方程

$$\mathrm{Det}[\varepsilon_{\mathrm{vd},ij}-n^2(\delta_{ij}-s_is_j)]=0$$

可得相应的偏振方向和折射率。注意，此时电场方向不一定和传播方向垂直，与传播方向垂直的是电位移矢量的方向。在图 4-8 所示的情况下，光沿着 z 轴入射，即有 $s_1=s_2=0$，$s_3=1$，代入久期方程我们可以得到 n^2 的两个值为

$$n^2=\frac{2(1+\chi_{--}+\chi_{++}+\chi_{--}\chi_{++})}{2+\chi_{--}+\chi_{++}},\ n^2=1+\chi_{00}$$

考虑 χ_{--}，χ_{++}，$\chi_{00}\ll1$，将两个表达式作泰勒展开并保留一次项，可以得到两个折射率分别为 $1+(\chi_{++}+\chi_{--})/4$ 以及 $1+\chi_{00}/2$，解得两个偏振方向为

$$\left\{0,\frac{\mathrm{i}(1+\chi_{--})(1+\chi_{++})}{\chi_{--}-\chi_{++}},1\right\},\{1+\chi_{00},0,0\}$$

考虑到χ_{--},χ_{++},$\chi_{00}\ll 1$，再归一化这两个向量即为$\{0,1,0\}$和$\{1,0,0\}$，即在y方向和x方向,分别对应的折射率为$1+(\chi_{++}+\chi_{--})/4$以及$1+\chi_{00}/2$。由此可以得出结论,Voigt效应下,系统将展现出线性双折射,即x方向和y方向的偏振不同。在如图4-8所示的装置中,原子气室相当于一个半波片,信号经过半波片偏振方向旋转90°通过另一端偏振片。而对于噪声而言,原子气体各向近似同性,因而偏振不改变,而是被另一端的偏振片滤除.

4.3.2 主要例证

当前可以查到公开发表的Voigt型原子滤光器的结果只有铯、铷和氦元素。

1. 铯元素Voigt型原子滤光器

尽管使用横向磁场的旋光效应研究并不罕见,但是专门的Voigt型原子滤光器的研究报道却非常少。尽管早在1980年A. D. Kersey等人就给出了原子气室Voigt效应的理论分析,但是直到1992年才由J. Menders等人首次正式提出Voigt型原子滤光器[79],并在铯原子的第二激发态跃迁455 nm谱线上进行了测试。其实验装置如图4-9所示,实验中磁场方向与光传输方向夹角θ可以变化,入射光偏振方向(只有对Voigt型是重要的)与磁场-光波矢平面成45°夹角,满足Voigt型条件。该实验在温度为140 ℃、磁场值为200 G,原子气室长度为2 cm的环境下测得在不同磁场方向下的透射谱如图4-10所示。由图可知,在相同的实验参数下,与理论分析类似,Voigt型旋光效率明显不如Faraday型。

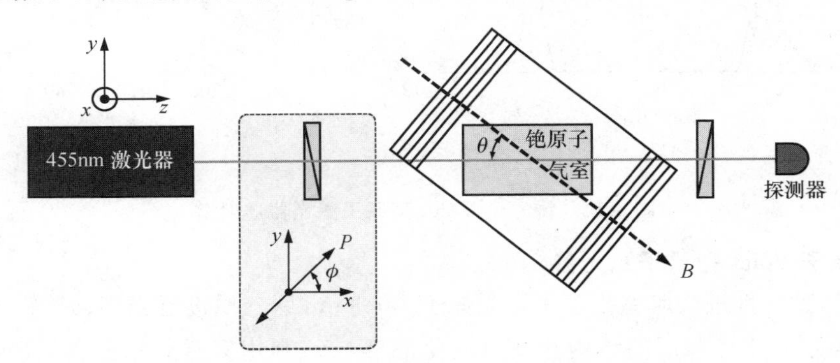

图4-9 铯原子Voigt型原子滤光器实验框架图

铯原子的基态Voigt型的实验测试结果并没有随之报道,可查的报道结果是作为2015年M. Rotondaro等人的理论文章的实验验证给出的。实验结果依然表明,为达到相近的透射率,Voigt型较Faraday型需要更大的磁场和更高的温度以维持更强的双折射。

2. 铷元素Voigt型原子滤光器

铷原子Voigt型原子滤光器首先由北京大学实现[80]。在温度为120 ℃、磁场值为100 G、原子气室长度为1 cm的实验环境下,在铷原子D_2线实现了50%以上的透射率。更细致的重复实验表明,更高的温度和更强的磁场能够进一步增加透射率。图4-11所示的是在温度为135 ℃、磁场值为300 G、原子气室长度为2.5 cm的环境下,可以实现82%的峰值透射率;进一步增加磁场强度并加温,透射率将达到100%。

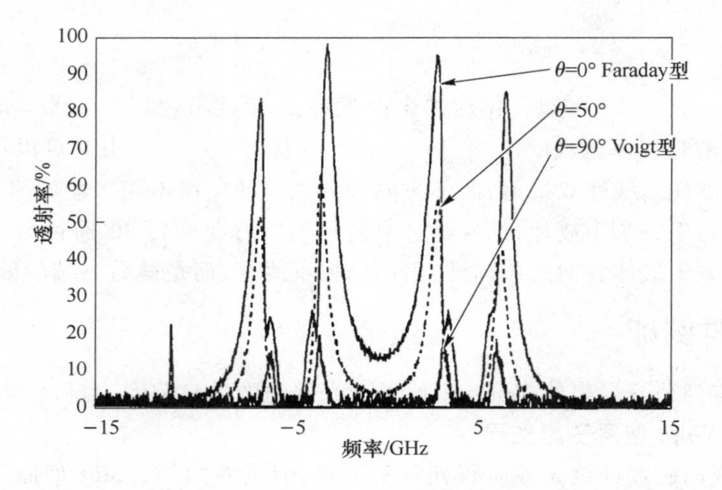

图 4-10　铯原子 Voigt 型原子滤光器透射谱

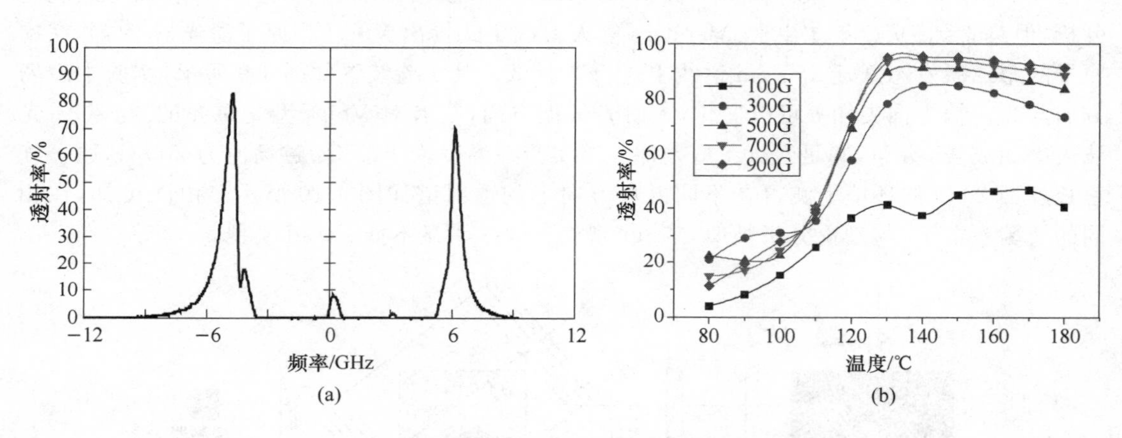

图 4-11　铷原子 Voigt 型原子滤光器透射谱

3. 氦原子 Voigt 型原子滤光器

2005 年，喷气推进实验室报道了用氦原子 1 083 nm 跃迁线进行光度、光谱、极化特性的观测，能够得到太阳色球层的结构和动力演化信息[81]。利用氦磁光滤光器，设计并制作了一个太阳色球层成像仪器，利用透过光谱的侧翼工作，每个侧翼通带 6 pm。实验设计上，由于氦原子 1 083 nm 跃迁线是亚稳态（三重态）2^3S_1 到激发态 2^3P 的跃迁，要用射频螺线管制备亚稳态，因此在设计上使用了 Voigt 构型。他们用一个定日镜跟踪太阳，用 50 mm 尺寸的物镜汇聚太阳光，理论上能够达到 5 arcsec 的图像分辨率，实际分辨率大于 10 arcsec，约 2% 的太阳光最后能到达成像 CCD。实验成功进行了两次太阳成像，前后间隔 2 h，仪器每 35 s 给一幅图像，可以看到日珥、外圈的光圈等。由于该报道没有专门报道滤光器参数和性能，因此不再详述。

4.4　两种磁致双折射原子滤光器的比较

如前所述，由于 Voigt 型没有达到对双折射介质本征偏振矢量的最大化利用，因此为达到较 Faraday 型同样的透射率，Voigt 型原子滤光器需要更强的磁光效应。北京大学汤俊雄教授在 2001 年对此进行了总结[82]。两种磁光双折射的比较如图 4-12 所示，二者的异同大致可以归纳为以下几点：

(1) 二者都呈现多透射峰结构。

(2) 在温度饱和前，Faraday 型的透射率远高于 Voigt 型。在较高的温度下，Voigt 型也可以达到很高的透射率。

(3) Voigt 型带宽略小于 Faraday 型，但基本在一个数量级内。

(4) 在原子数密度不够高而需要大磁场的情况下，Voigt 型存在一定的优势。这是由于 Faraday 型需要给光路留出空间，因此强磁场设计要困难得多；而横向的 Voigt 结构留给了磁场大量的空间，为强磁场设计乃至电磁铁使用都留出了余地。

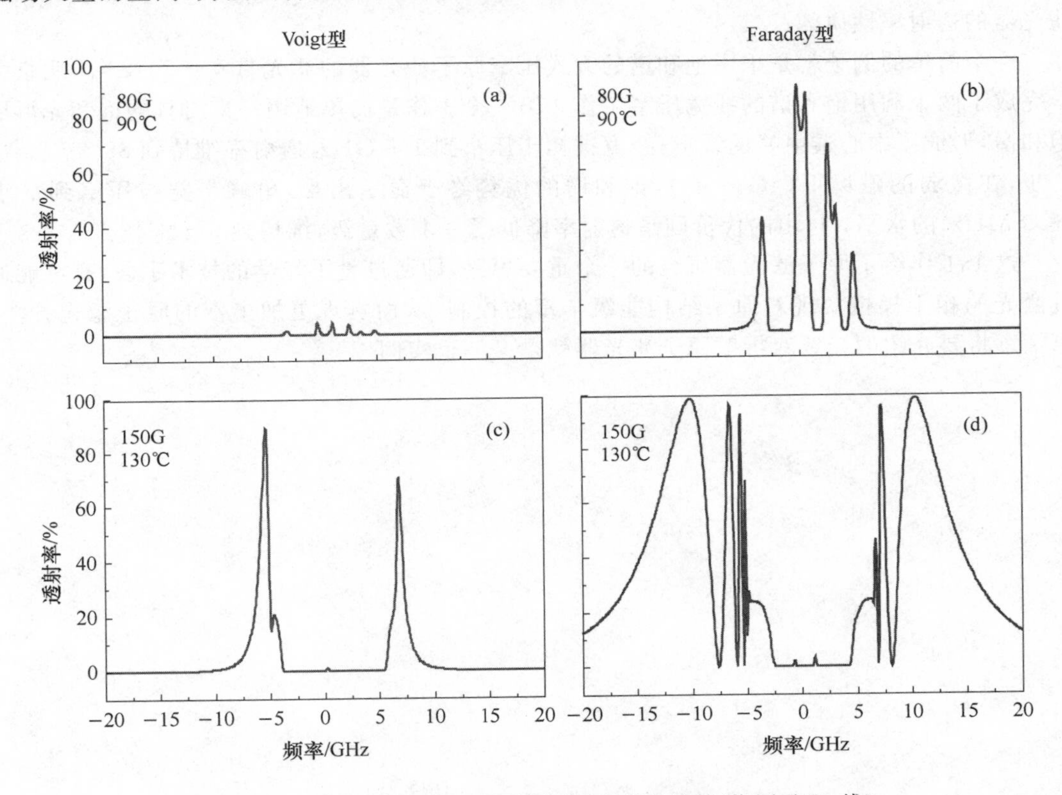

图 4-12　Voigt 型和 Faraday 型原子滤光器的比较(铷原子 D_2 线)

4.5 原子滤光器透射带宽

原子滤光器透射带宽一般在 GHz 量级，主要是受限于磁场的 Zeeman 分裂和 Doppler 展宽，这时透射线宽可以通过参数优化和量子光学的办法进一步压窄。

4.5.1 原子滤光器透射带宽的参数优化方法

原子滤光器透射带宽的参数优化方法有两种，一种方式是通过计算机完成的。在 Elec-

Sus 程序发布后，2015 年，英国 Durham 大学的 Mark A. Zentile 等人即实现了铯原子 D_1 线的亚 GHz 带宽的 Faraday 型原子滤光器[83]。在优化参数 45.3G 磁场、68°C 、7.5 cm 气室长度条件下实现了 310 MHz 带宽，77%峰值透射率。

另一种方式是变化磁场的方向。这一方法由 M. Rotondaro 等人在 2015 年的理论文章中提出，在一定的参数优化下，调整磁场偏转角(以 Faraday 型为 0°、Voigt 型为 90°计)，可以实现很好的带宽压窄效果。

4.5.2 原子滤光器的线宽压窄方法

原子滤光器的价值之一在于它提供了原子与光学相互作用的另一个界面，即用原子强烈操控光场的方法。从前面的分析可以看到，通过调控原子的内态，是可以较大地改变原子滤光器的透射率性质的。

一个简单的例子就是采用饱和谱的方式压窄原子滤光器的滤光带宽。2012 年，北京大学完成了两个利用饱和谱的线宽压窄工作。第一个工作是简单地用一束对打的饱和光形成饱和谱，形成了中心透射峰的线形，线宽被初步压窄到 1.5 GHz，透射率维持到 86%[84]。进一步，在微弱的磁场下(4G～5G)，饱和谱的优势终于显示出来，单峰带宽被压窄到最小(3.9 MHz)的水平，付出的代价则是透射率降低了一个数量级，维持到 6.1%[85]。

这个工作给了原子滤光器研究的一个重要思路，即通过量子光学的技术手段，有可能通过激光的相干操控实现对原子结构能级丰富的控制，从而实现更加丰富的原子滤光方法。第 7 章将要介绍的光致双折射原子滤光器就是又一个实例。

第5章　激发态原子滤光器

在第4章介绍的基于磁光效应的Faraday型和Voigt型原子滤光器在适合的波段都有良好的滤光性能。在收获原子窄带共振光学特性带来的优异的滤光带宽的同时，原子滤光器必须承受的代价是可以使用的原子能级的不连续性。考虑到原子滤光器需要高密度的气态原子（而不是分子）系统，因此对气室温度提出了较高的要求，而光学和光电子元器件的物理化学性质又决定了可耐受的温度范围，使得可用的元素范围局限在了碱金属、部分碱土金属和惰性气体的范畴。

另外，基于磁光效应的Faraday型和Voigt型原子滤光器都是无源器件，能够利用的只有原子的基态跃迁，这又进一步极大地限制了可以实现的波长范围，尤其是对1 μm以上的红外波段，靠原子的基态跃迁完全无法满足。因此，为了充分利用原子的激发态间跃迁的丰富光谱，发展形成了激发态原子滤光器。严格地说，所有利用激发态间跃迁实现滤光功能的都应该叫作激发态原子滤光器。为了表述方便，本章仅讨论激发态磁致双折射原子滤光器这一近30年研究最多的激发态原子滤光器类型，光致双折射激发态将在第6章作为专门类型进行单独介绍。

5.1　基态原子滤光器的局限性和激发态原子滤光器的提出

原子共振滤光器研究的代表人物J. Gelbwachs在20世纪90年代初期将对日观测滤光手段转移到了Faraday型上，基本宣告了原子共振滤光器的研究热潮的褪去。原子共振滤光器的研究为高温高压缓冲气体环境下的原子气室制备和控制技术提供了大量的宝贵经验，这对激发态双折射原子滤光器的研究提供了大量的借鉴依据，极大地加速了相关研究的发展。

如前所述，以Faraday型原子滤光器为代表的双折射型原子滤光器具有很突出的优势，特别是成像特性和高响应速率。但是，这类原子滤光器的无源特性也确实损失了大量的主动式原子共振滤光器能够覆盖的波段，这使得激发态Faraday型原子滤光器很快被提出并得以实现。1995年，R. I. Billmers和S. K. Gayen等人首次提出并实现了钾原子激发态原子滤光器，开始了原子滤光器研究新的篇章[86]。

5.2　激发态原子滤光器的发展

5.2.1　激光直接泵浦

与基态原子滤光器一样，激发态原子滤光器也存在两个基本方法，即纵向磁场的Faraday型和横向磁场的Voigt型。

1. Faraday 型激发态原子滤光器

Faraday 型激发态原子滤光器的实验实现主要在钾、铷、铯等碱金属中，主要限制之一仍然是对原子数密度要求，导致对温度的需求太高。与基态相比，因为增加了泵浦过程，导致更少的原子数参与旋光效应，因此对原子数密度要求更高。

1）钾元素 Faraday 型激发态原子滤光器

1995 年，R. I. Billmers 和 S. K. Gayen 等人首次提出并实现了激发态原子滤光器[93]。他们采用的是钾原子的 $4P_{1/2}$-$8S_{1/2}$ 跃迁谱线，波长对应 532 nm 强激光波长。实验如图 5-1 所示，泵浦所需的 770 nm 激光器和探测所需的 532 nm 激光器均为染料激光器，重复频率均为 10 Hz，脉冲宽度均为 10 ns。泵浦激光峰值功率密度达 84 kW/cm^2，弱探测光功率约 15 mW/cm^2。实验采用的磁场为 100 G，钾原子被加热到 200 ℃，原子气室长度 7.5 cm，峰值透射率仅 3.5%，透射谱如图 5-2 所示（图中提到的关掉磁场后仍然有旋光效应的现象，在其他类似的实验中并没有再次出现，本文作者也没有给出任何解释。鉴于这个实验的精细程度有限，缺乏很多实验参数细节，因此对这一现象不做进一步讨论）。

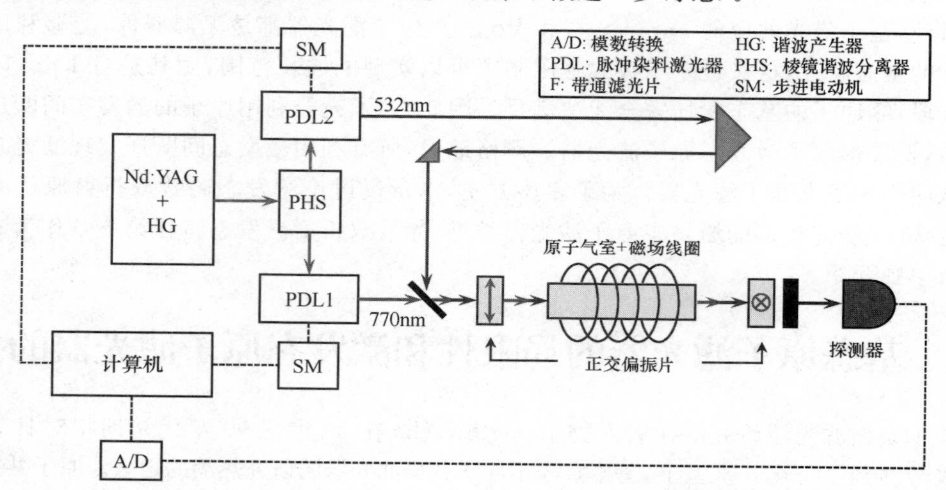

图 5-1　钾原子 532 nm Faraday 型激发态原子滤光器实验框架

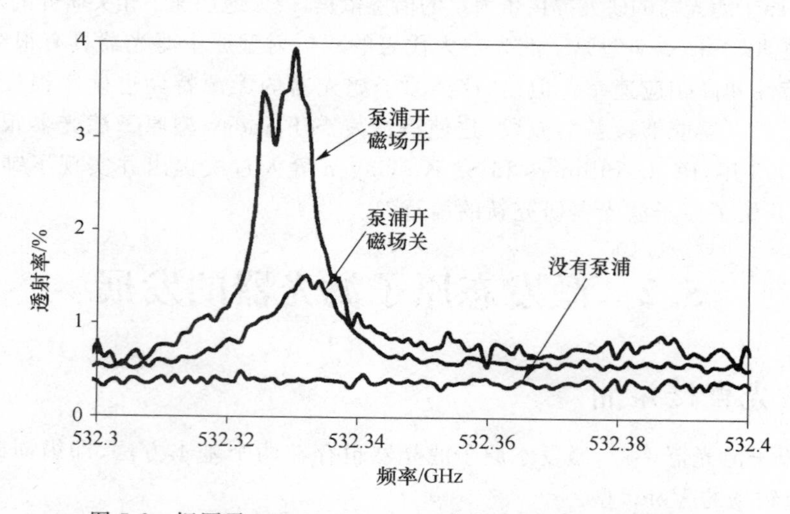

图 5-2　钾原子 532 nm Faraday 型激发态原子滤光器透射谱

2）铷元素 Faraday 型激发态原子滤光器

铷元素 Faraday 型激发态原子滤光器研究相对而言非常丰富，已经实现的典型谱线如图 5-3 所示。目前，实验上全部采用 D_2 线跃迁激发到 $5P_{3/2}$ 态的向上跃迁实现。

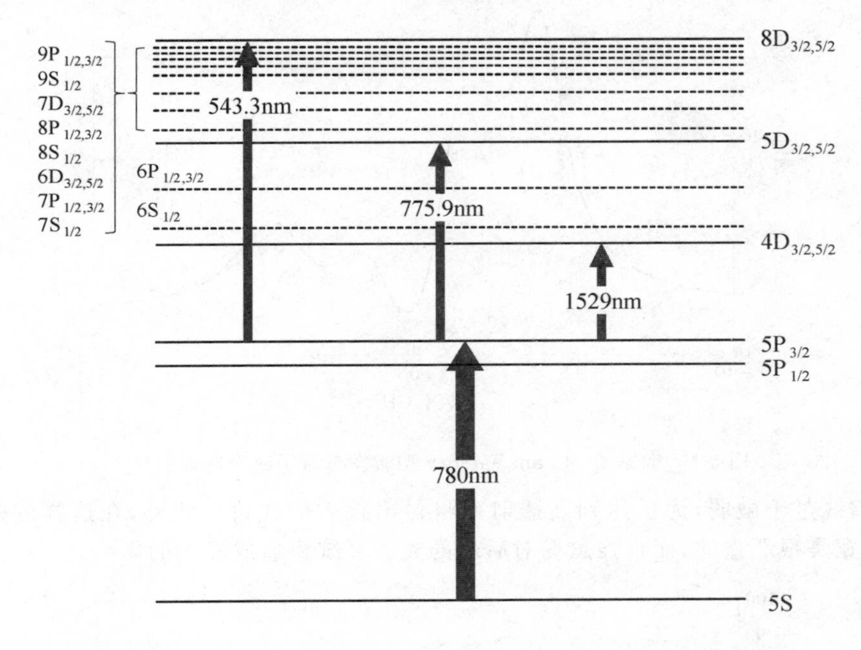

图 5-3 铷原子主要 Faraday 型激发态原子滤光器能级结构示意

（1）铷元素 775.9 nm 跃迁线的实验研究。

铷原子 $5P_{3/2}$ 到 5D 的跃迁双线（相差 0.2 nm）经常作为铷原子激发态原子滤光器的实验研究谱线。第一个铷原子激发态 Faraday 型原子滤光器的谱线即在 $5P_{3/2}$ 到 $5D_{3/2}$ 上观察到。1996 年，北京大学汤俊雄教授等人在仅 7 mW 的小泵浦功率下，在 240G 磁场、165 ℃气室温度、5 cm 气室长度条件下，观察到了微弱的透射信号（约 0.05%）[87]。1998 年，该研究组大幅改进了实验系统，将泵浦光增加到了 34 mW，磁场增加到 377G 后，在170 ℃气室温度下，透射率增加到了 10%以上[88]。

（2）铷元素 543 nm 高激发态跃迁线的尝试。

铷原子 $5P_{3/2}$ 到 8D 的 543.3 nm 跃迁谱线的研究主要由达姆施塔特工业大学的 T. Walther 研究组完成，其目的主要是针对激光雷达应用，因此不难理解其研究需要用到这么高的激发态。由于这条谱线的振子强度比较弱，为提高透射率，需要比较高的温度、大磁场和强泵浦光。最初的实验实现报道于 2006 年[89]，在 550 mW（4 mm）泵浦光条件下，达到 4%的透射率的代价是 1600G 磁场和 170 ℃的工作温度（该报道没有描述原子气室尺寸，从后续工作推测气室长度应该为 3.8 cm）。2010 年，为达到更高的透射率，他们将磁场提高到了 2700G，将透射谱提高到了 15%，结果如图 5-4 所示[90]。

2011 年，该研究组进一步尝试将其用于 Brillouin 激光雷达[98]，为保证透射率，磁场被提升至 6000G（0.6T），温度增加到 300 ℃，透射率被推高至 81%，透射谱如图 5-5 所示。如此高的温度和磁场都对其实验过程造成了很大的困难。从这个实验中也可以看到，基于旋光效应的原子滤光器用原子气体系统改变光场性质，这需要基本的粒子数和振子强度保证。

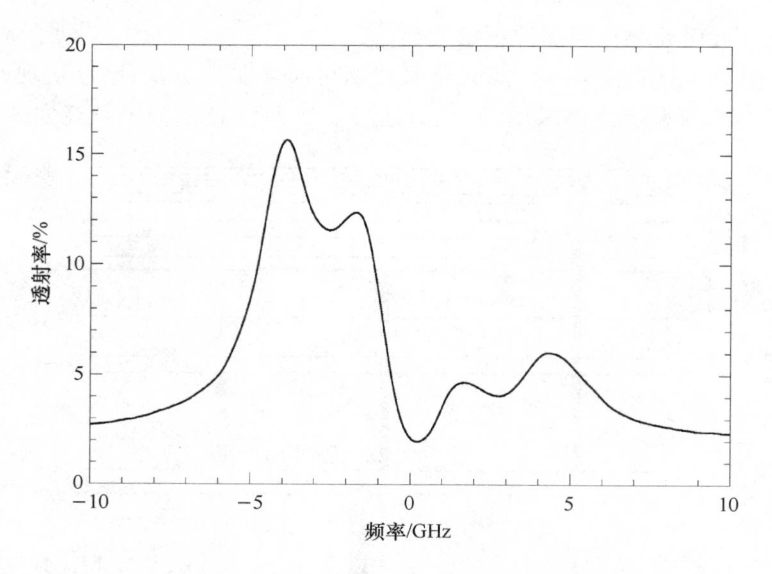

图 5-4　铷原子 543 nm Faraday 型激发态原子滤光器透射谱

如果跃迁谱线过于微弱，为了达到高透射率将付出很大的代价。此外，在这样的极限条件下，谱线展宽是很严重的，而且强磁场对后端的光电系统将造成极大的影响。

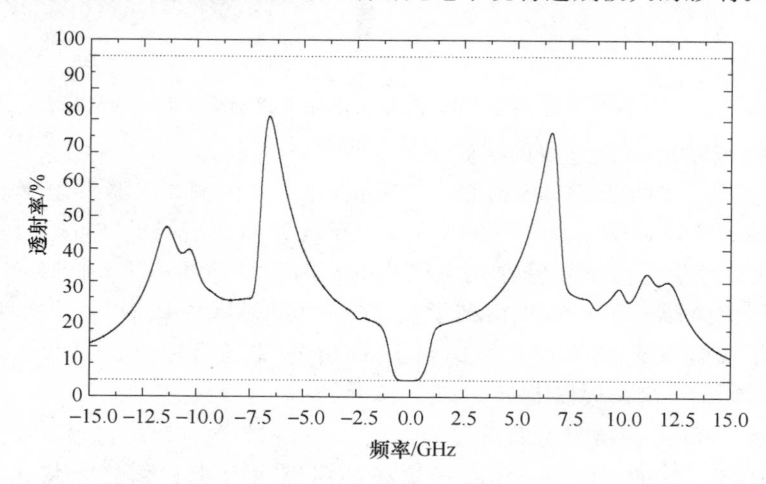

图 5-5　铷原子 543 nm Faraday 型激发态原子滤光器透射谱（极限情况）

（3）铷原子 1 529 nm 光通信波段的实验研究。

铷原子在 1 529 nm 光通信波段（C 波段和 S 波段交接）处的跃迁线近年来研究得很多，其中激光泵浦方案（包括磁致双折射和后面要介绍的光致双折射的研究）主要由本书作者及合作者完成。由于 1 529 nm 对应的 $5P_{3/2}$ 到 $4D_{5/2}$ 的跃迁线非常强（A 系数约 11 MHz，对比 D_2 线 38 MHz；$5P_{3/2}$ 到 $4D_{5/2}$ 的 A 系数约 2 MHz），因此能够提供足够好的相互作用强度，大幅降低对磁场和温度的要求。在 120 ℃、550G 磁场下，采用 5 cm 原子气室，在 18 mW 泵浦光功率下即达到了 70％以上的透射率[92]。

该工作同时研究了泵浦光的频率锁定问题。激发态原子滤光器的泵浦激光需要稳定在最佳工作频率上，才能达到最好的滤光效果。常用的激发态原子滤光器的做法是给泵浦激光器再额外配一个频率参考，这个参考可以是 F-P 腔，也可以是原子气室。不管使用哪一种方法，这个外部频率参考都与被泵浦的原子气室没有关联。由于原子气室的工作温度和附加磁场都会使得原子气室内工作原子的频率特征发生比较大的变化，这种外部稳频的方法的效率会大打折扣。因此，需要使用原子滤光器本身的原子介质作为频率参考进行频率锁定。

实验框架如图 5-6 所示，整个实验框架可以分为泵浦激光产生模块、滤光器主体、内(外)稳频模块和信号光输出模块。其中，外部稳频模块在图中用虚线框表示，采用饱和吸收谱稳频。内稳频模块接收从双色镜反射的泵浦，采用差分探测实现激光稳频。

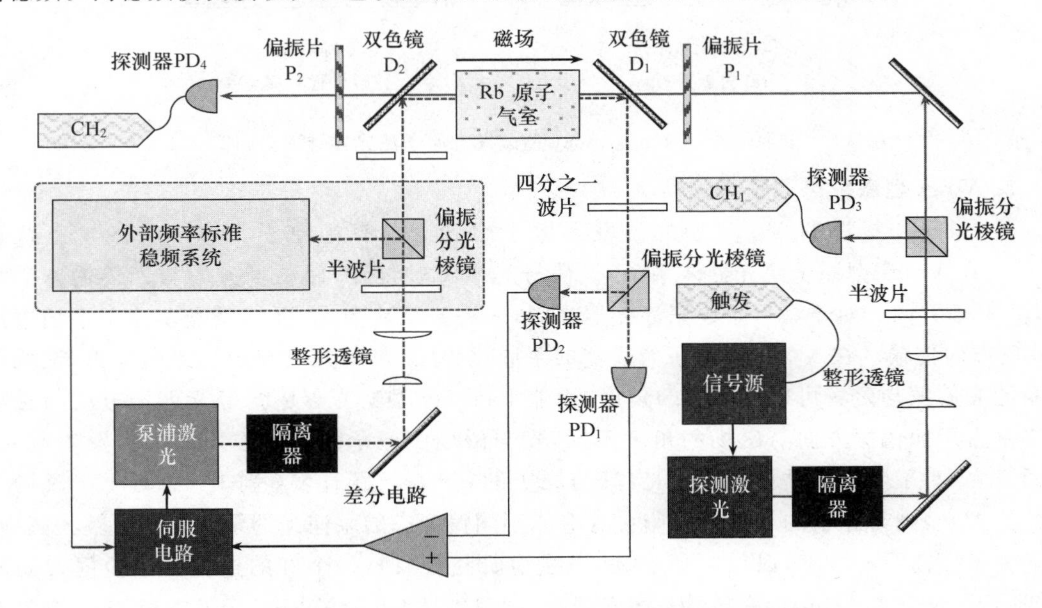

图 5-6　铷原子 543 nm Faraday 型激发态原子滤光器实验框架

这两种情况的实验结果表明，内稳频的效果在温度饱和前，效果优于外稳频方案，如图 5-7所示。可以看到，在较低的温度下，内稳频方案有明显的效率优势。图 5-8 所示为 120 ℃的透射谱，可以清晰地看到，9 mW 内稳频和 12 mW 外稳频的透射谱高度一致。

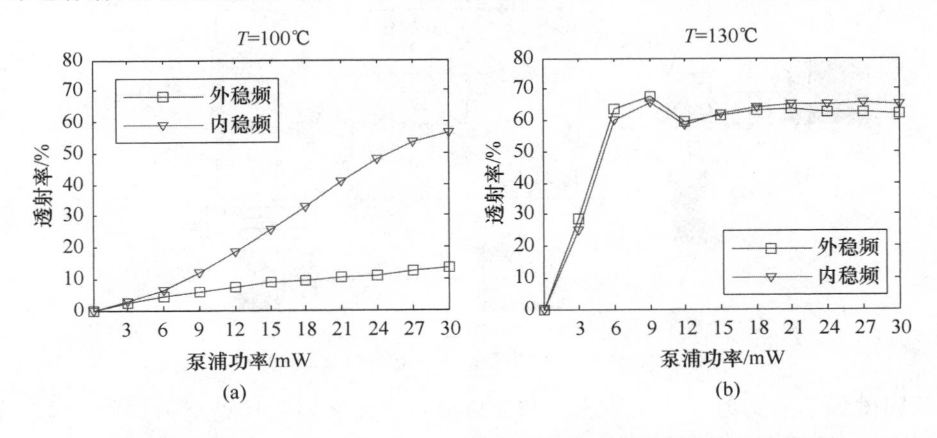

图 5-7　铷原子 1 529 nm Faraday 型激发态原子滤光器泵浦方式效果对比

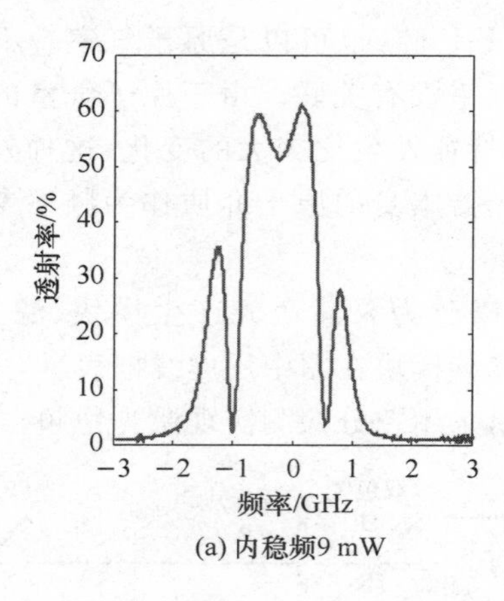

(a) 内稳频9 mW

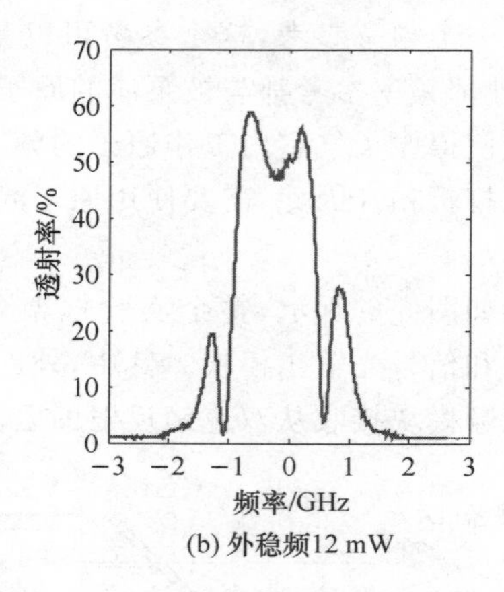

(b) 外稳频12 mW

图 5-8　铷原子 1529 nm Faraday 型激发态原子滤光器透射谱(120 ℃)

2. Voigt 型激发态原子滤光器

目前,公开报道的 Voigt 型的激发态原子滤光器只有铯原子 1529 nm 激发态跃迁线[93]。在 Voigt 型原子滤光器体系中,设信号光沿 z 轴传输,而磁场方向与光传播方向垂直,沿 x 轴方向。对于激发态原子滤光器来说,还需要泵浦激光,泵浦激光在这个系统中沿 z 轴负方向传输。在 Voigt 型原子滤光器的泵浦过程中,泵浦光也与磁场方向垂直,这就造成泵浦光偏振与磁场可以呈不同的角度,而非 Faraday 型滤光器中泵浦光偏振方向与磁场始终垂直。而偏振方向与磁场的角度不同,光与磁场中原子的相互作用能级也发生改变。简而言之,对于与磁场垂直的偏振光,其与原子的 $\sigma+$,$\sigma-$ 跃迁发生作用;而对于与磁场平行的偏振光,则与原子的 π 跃迁反应。这造成不同偏振态的泵浦光的泵浦过程有较大区别。

为了提高泵浦效率,以铷原子 1529 强线为研究对象是一个好的选择。实验框架如图 5-9 所示。对于 1.5 μm 激发态原子滤光器,其利用的是 Rb 原子 $5P_{3/2}$ 激发态至 $4D_{5/2}$ 激发态的跃迁。为了制备 $5P_{3/2}$ 激发态布居,需要使用 780 nm 泵浦激光,把原子从基态 $5S_{1/2}$ 泵浦至 $5P_{3/2}$ 激发态。可以预见的是,考虑泵浦光偏振与磁场方向的夹角问题,泵浦光的偏振方向将影响泵浦效果,垂直于磁场方向的线偏振光泵浦效率最高。

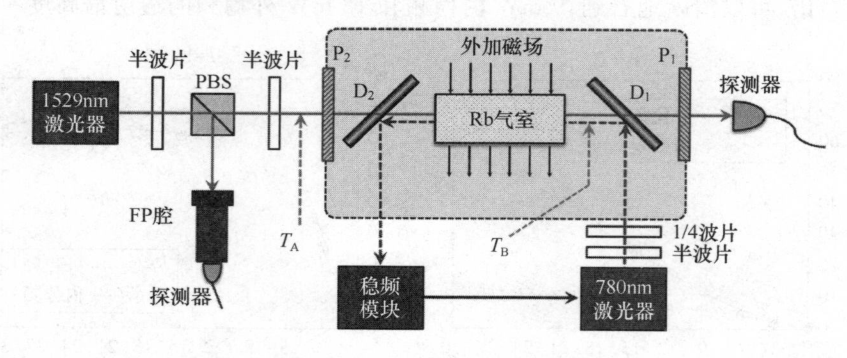

图 5-9　Voigt 型激发态原子滤光器实验框图

对不同磁场下的透射谱的实验测试和分析显示了滤光器的调谐能力。原子滤光器的气室温度固定到 150 ℃,泵浦光功率稳定在 30 mW。当磁场从 0～1 600 G 变化时,透射谱的密度图如图 5-10 所示。随着磁场从无到有,Voigt 型滤光器的透射谱慢慢出现,并随着磁场增强而进一步增加,进而分裂并减弱。为了方便分析,峰值透射率随磁场的变化信息被提取出来画在图 5-10(b)所示中。当磁场小于 1 000 G 时,透射谱主要有两个峰,A 峰与 B 峰,且其位置随着磁场增加而变化。在 1 000 G 以上,另外两个侧峰出现了,为 C 峰和 D 峰。如果考虑侧峰的频率移动,那么在磁场从 125 G~1 500 G 的变化中,透射峰最大漂移可到 1.6 GHz。这种调谐能力可以被用来抵消信号光频率的 Doppler 频移。

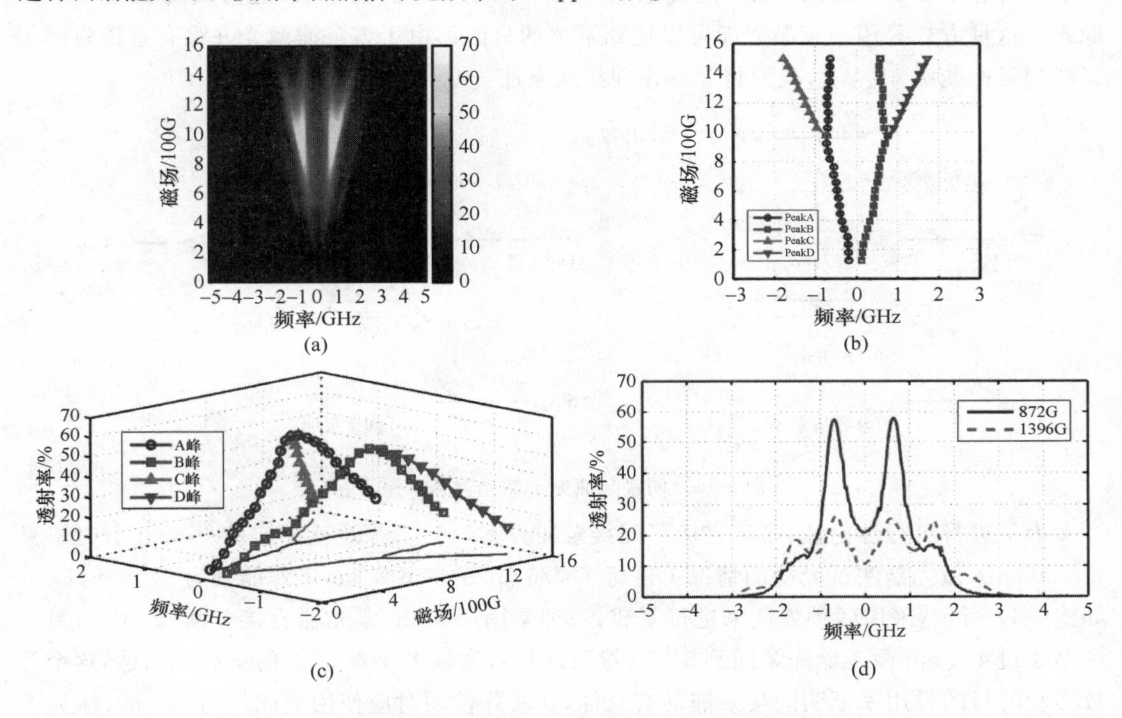

图 5-10 激发态 Voigt 原子滤光器透射峰调谐

5.2.2 激光间接泵浦

在解决波长限制问题的同时,激发态原子滤光器一般需要采用激光泵浦,而泵浦激光器的功率和实现手段将严重制约其应用方法和范围。半导体激光器是相对稳定便利的激光器,但是在接近 400 nm 乃至 400 nm 以下的波段半导体激光器没有成熟技术,而倍频固体激光器体积功耗都比较大,稳定性差,很难应用到实际系统中。

更困难的是,由于原子能级间光频跃迁是电偶极跃迁,必须满足电偶极跃迁选择定则才可以用激光泵浦。因此,目标能级的下能级与原子基态能级之间可能还存在电偶极禁戒跃迁的问题,而电偶极禁戒能级跃迁往往需要采用低效率的双光子泵浦方法或者采用两台激光器级联泵浦,系统复杂度和稳定性都存在问题,这严重制约了激发态原子滤光器的发展。

针对上述激发态原子滤光器的泵浦问题,发展提出了一种间接泵浦原子滤光器方案,该方案通过间接泵浦的方法,有效地回避了激发态原子滤光器的电偶极禁戒跃迁的问题,能够使得激发态原子滤光器的泵浦方式更加灵活。以图 5-11 所示的能级结构做一个例子来介绍间接泵浦原子滤光器的基本原理。例如,1 μm 大功率光纤激光器近年来发展迅速,在空间主动光学中正在起到越来越重要的作用。如果希望构建一个与之匹配的 1 μm 附近的滤光器，比较好的跃迁线是 Rb 原子的 $6S_{1/2}\rightarrow 8P_{1/2}$，跃迁波长 1.03 μm，如图 5-11 所示。但是很显然，其下能级 $6S_{1/2}$ 与 Rb 原子基态 $5S_{1/2}$ 之间是电偶极禁戒的，需要 780 nm 和 1.3 μm 的级联泵浦，如图 5-11 (a) 所示，系统复杂很难实用。

针对此类情况可以用 422 nm 的激光器直接将 Rb 原子从基态泵浦到 $6P_{1/2}$，如图 5-11(b) 所示。通过自发辐射路径（图中虚线标注）能够实现 $6S_{1/2}$ 上的布居，进而实现 1.03 μm 的滤光。这种方式只用一束激光即可以达到泵浦的目的。由于该泵浦激光并没有直接将原子泵浦到目标能级 $6S_{1/2}$ 上，我们将其称作间接式泵浦。

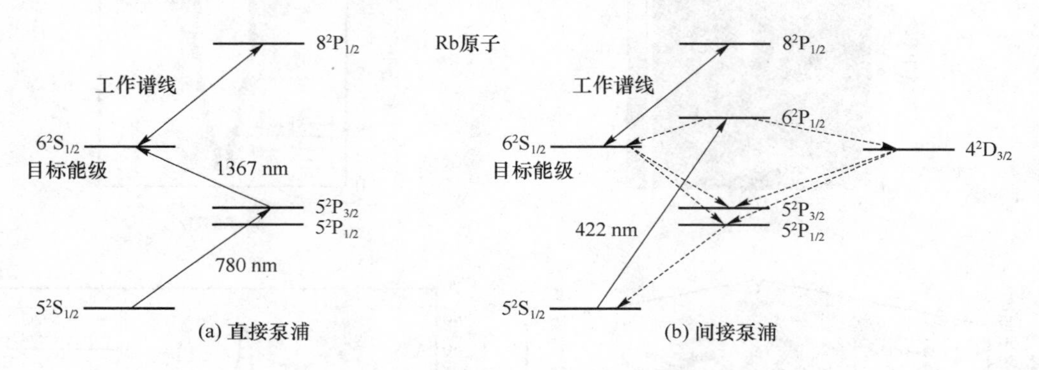

图 5-11　间接泵浦原子滤光器基本原理

为了进行可行性论证，已经完成了间接泵浦方案的一个等效验证实验[94]。在暂时不具备 1.03 μm 激光器测试光源的情况下进行了 776 nm 的等效实验，工作能级为 $5P_{3/2}\rightarrow 4D_{5/2}$。如图 5-12 所示，采用两种方法来进行泵浦：一种是用 780 nm 激光器直接泵浦到 $5P_{3/2}$；另一种是通过 422 nm 激光器先泵浦到 $6P_{1/2}$，然后通过自发辐射实现 $6S_{1/2}$ 的布居。当然，这个等效实验的目的是用来证明间接泵浦的有效性，在实际使用时应使用更成熟的 780 nm 激光器直接泵浦更有效。实验装置结构如图 5-13 所示。

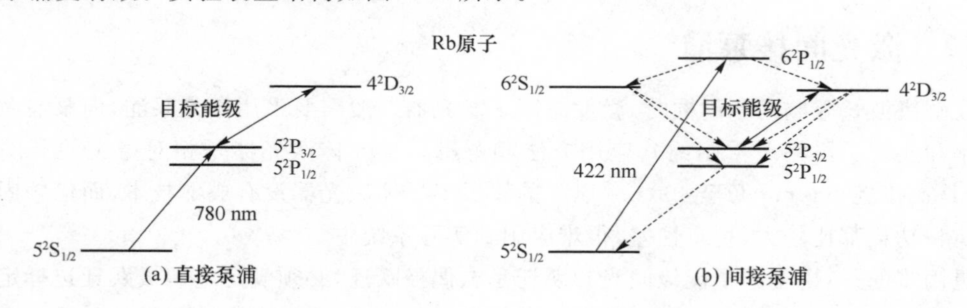

图 5-12　间接泵浦原子滤光器等效验证能级图

实验结果如图 5-14 所示。在不同的泵浦功率下，两种泵浦方法能够达到同样的滤光效果，透射谱形状几乎完全相同。间接泵浦与直接泵浦滤光峰值透射率比较如图 5-15 所示，可以看到 422 nm 间接泵浦时使用的激光功率并没有大幅度提升，这就说明间接泵浦实际上也是一种高效的泵浦方法。注意到两个泵浦跃迁线的振子强度差别，可以发现实际上间接泵浦需要的 Rabi 频率反而低于直接泵浦方法。由此可见，间接泵浦确实能够提供一种更灵活有效的激发态原子滤光器光泵浦方案。

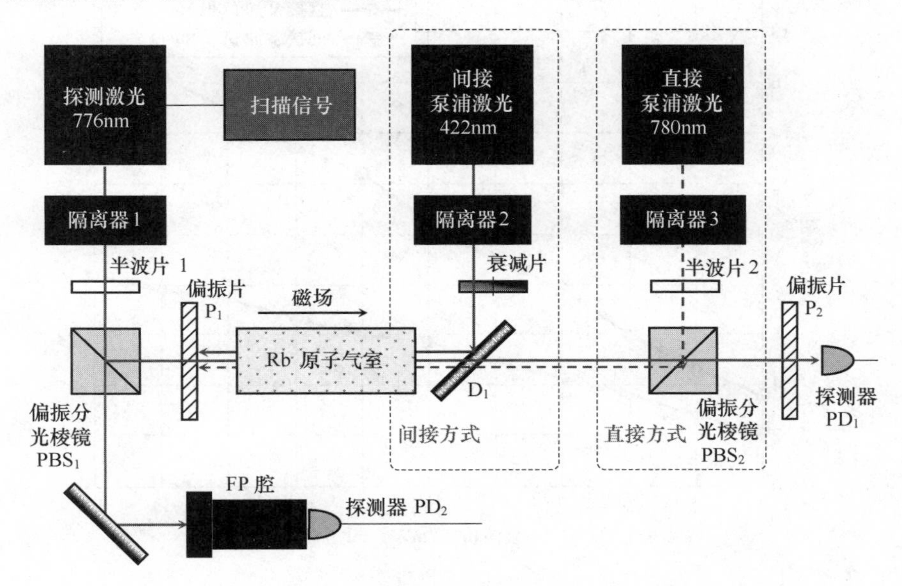

图 5-13 间接泵浦激发态原子滤光器实验框图

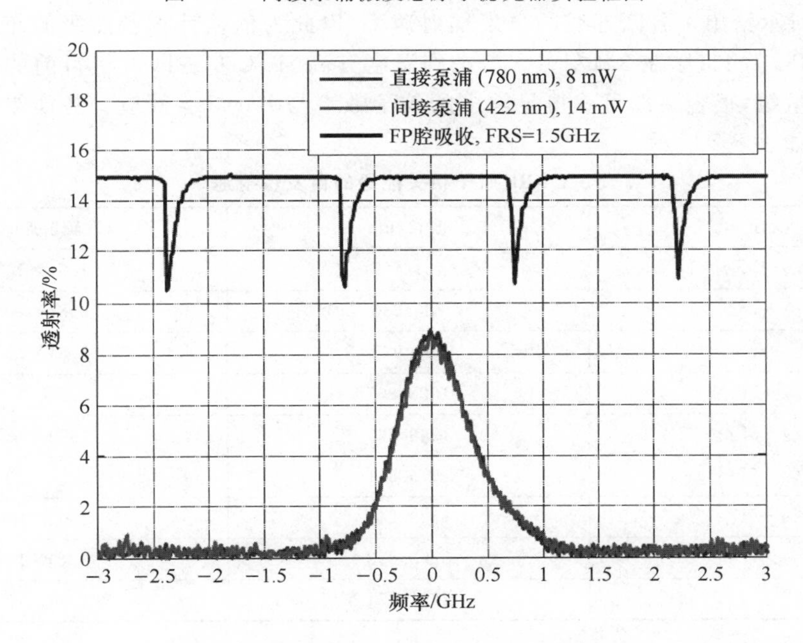

图 5-14 间接泵浦与直接泵浦滤光线形比较

进一步讨论泵浦的效果和等效性。根据一般的原理滤光器理论，原子滤光器的 Faraday 旋光效应的强弱基本可以由下面的参数表征（参见第 4 章）：

$$\alpha_0 = \frac{\sqrt{\ln 2}}{\sqrt{\pi}} \frac{N e^2 f}{2mc\,\varepsilon_0 \Delta \nu_D}$$

可以看到，Faraday 效应的强弱在元素及跃迁能级给定的前提下，除磁场外能够改变的只有原子数密度。以 Rb 原子为例，原子数密度由饱和蒸气压决定，即由温度唯一决定。

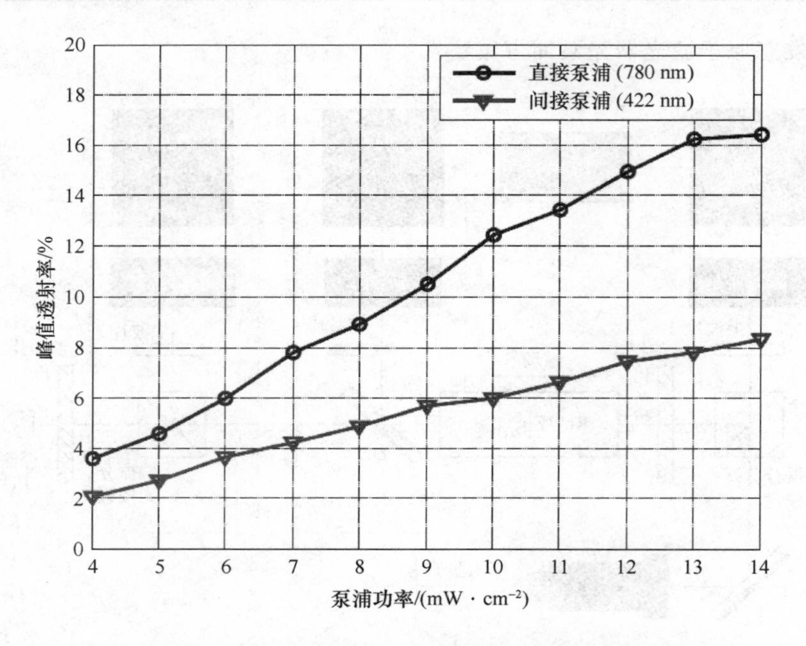

图 5-15 间接泵浦与直接泵浦滤光峰值透射率比较

表 5-1 所示给出了各跃迁线的自发辐射速率，以此为依据计算各能级的布居数。可以看到的是，$5P_{3/2}$ 的布居在 3%左右。考虑到温度升高 30 ℃左右即可将目前的原子数密度增加一个数量级，很容易即可获得足够多的粒子数参与 Faraday 效应。各能级粒子数百分比计算结果如表 5-2 所示。

表 5-1 Rb 原子相关能级的自发辐射速率

跃迁	波长/nm	自发辐射速率/Hz
$6P_{1/2}\rightarrow 5S_{1/2}$	421.667	1.50×10^{6}
$5P_{3/2}\rightarrow 5S_{1/2}$	780.235	3.81×10^{7}
$5P_{1/2}\rightarrow 5S_{1/2}$	794.972	3.61×10^{7}
$6S_{1/2}\rightarrow 5P_{1/2}$	1323.867	6.60×10^{6}
$6S_{1/2}\rightarrow 5P_{3/2}$	1366.863	1.29×10^{7}
$4D_{3/2}\rightarrow 5P_{1/2}$	1475.631	1.07×10^{7}
$4D_{3/2}\rightarrow 5P_{3/2}$	1529.248	2.00×10^{6}
$6P_{1/2}\rightarrow 4D_{3/2}$	2293.853	2.40×10^{6}
$6P_{1/2}\rightarrow 6S_{1/2}$	2791.274	4.30×10^{6}

表 5-2 各能级粒子数百分比计算结果

能级	$5S_{1/2}$	$5P_{1/2}$	$5P_{3/2}$	$4D_{3/2}$	$6S_{1/2}$	$6P_{1/2}$
粒子数百分比/%	40.5	3.6	3.1	7.1	8.2	37.3

因此，可以得到一个结论，即利用间接泵浦方法原则上可以达到与直接泵浦相同的滤光效果。间接泵浦方法是一种很有效的泵浦方法，可以使得激发态滤光器的设计更灵活、更方便。

5.3 激发态原子滤光器的局限性

原子滤光器在实际使用中，为了配合信号特征、光学系统特征等外部条件，需要有一定的适应能力；同时，在激发态原子滤光器的使用中，尤其要顾及泵浦用激光器的功率和实现手段将严重制约其应用方法和范围。下面列举出在实际研究中遇到的主要瓶颈问题。

1. 激发态原子滤光器泵浦激光器的选择问题

激发态原子滤光器的高效率泵浦需要采用激光泵浦。半导体激光器是相对稳定便利的激光器，但是在接近 400 nm 乃至 400 nm 以下的波段半导体激光器没有成熟技术，而倍频固体激光器体积庞大，稳定性差，很难应用到实际系统中。在一些特殊的应用条件下，目标能级的下能级与原子基态能级之间可能还存在电偶极禁戒跃迁的问题，直接泵浦需要采用低效率的双光子泵浦方法或者采用两台激光器级联泵浦，系统复杂度和稳定性都存在问题。

近期提出的间接泵浦方案，能够在一定程度有效解决这些问题，为激发态泵浦问题提供一种高效的解决途径。但是，受限于原子分立能级的诸多限制，尤其是弱谱线泵浦的情况下，激光器选择仍是一个很重要的问题。

2. 激发态原子滤光器泵浦激光器频率的稳定问题

如前所述，激发态原子滤光器的泵浦激光需要稳定在最佳工作频率上，才能达到最好的滤光效果。一般方式将泵浦激光器锁定到外部频率参考上的方法在一定程度上牺牲了一部分泵浦效率，必须使用原子滤光器本身的原子介质作为频率参考进行频率锁定。

3. 原子滤光器中心波长调谐问题

原子滤光器的透射中心波长通常是采用改变原子滤光器的静磁场大小，从中心滤波方式变为边带滤波方式来解决的。这种方法存在一些问题。通过 Zeeman 分裂的方法实际上引入的是磁子能级的对称分裂，并没有调谐原子滤光器的实际中心波长，而仅仅是将其改变为边带滤波，其结果是过大的磁场会减弱原子系统的 Faraday 旋光效应，而且边带滤波将产生两个透过带，为了消除无效透过带的影响，往往还需要再引入一个匹配的 Zeeman 滤光气室，系统复杂。从调谐能力上来说，由于 Zeeman 分裂对于高激发态和低激发态、基态能级的区别不大，使在激发态原子滤光器中的频率调谐对泵浦光也会带来调谐的压力。所以，在传统的滤光器研究中，中心波长的调谐问题一直没有太好的解决方法。

4. 激发态原子滤光器成像问题

基态原子滤光器具有大视场的特点，能够很有效地服务于成像系统。但是，激发态原子滤光器的大视场优势却严重受限于泵浦激光的光束大小。由于信号光必须全程与泵浦激光重合，导致视场角受到泵浦光光束大小的几何限制。直接解决方法是泵浦光扩束。但是为保证泵浦效率，需要保持光功率密度不变，则需要成百倍地增加泵浦光功率，这就给实验系统的复杂性和稳定性增加了极大的负担。目前，确实还没有激发态原子滤光器用于成像的报道。

5. 部分弱跃迁线对强磁场的依赖

由于激发态间跃迁出现弱跃迁线的概率很高，这对实现原子滤光器的大角度旋光增加了很大的困难。从基本原理上看，激发态的弱跃迁线需要大磁场和大原子数密度来弥补。如铷元素 543 nm 高激发态跃迁线实现就动用了高达半个 T 的磁场和 300 ℃的高温，这对光学和光电子学系统是极为有害的。

鉴于以上局限性，一种新的激发态原子滤光器方案——光致双折射旋光型原子滤光器——就显得重要起来。

第6章　光致双折射旋光型原子滤光器

激发态原子滤光器多了一束泵浦光，将原子滤光器再一次变回了主动型。这一束光能够提供的不仅仅是粒子数布居，还有对原子内态布居数分布操控的可能性。S. K. Gayen 和 R. I. Billmers 等人于 1995 年提出并实现激发态 Faraday 型原子滤光器不久，就报道了在相同的跃迁线上的另一种新的旋光型原子滤光器，直接利用泵浦光形成原子磁子的布居数失衡，形成双折射[95]。这一设计避开了对激发态大磁场的要求，因此具有重要的价值。本章介绍光致双折射旋光型原子滤光器的基本原理和主要实现，进而比较磁致双折射和光致双折射的效果和优缺点。

6.1　光致双折射原子滤光器的基本原理

光致双折射原子滤光器的基本原理如图 6-1 所示。这种方法利用圆偏振光泵进行选择性泵浦，将原子布居数集中到激发态跃迁下能级磁量子数最大(左旋泵浦)或最小(右旋泵浦)的磁子能级上。对于激发态上能级磁子能级小于或等于下能级的原子构型，可以看到，对线偏振入射光的两个圆偏振分量而言，只有一个分量存在共振跃迁，存在吸收和色散，而另一个则没有共振能级。这就造成了对入射信号光两个圆偏振分量的不对称，形成折射率差，满足旋光条件，可以形成旋光现象，从而用以实现滤光器。

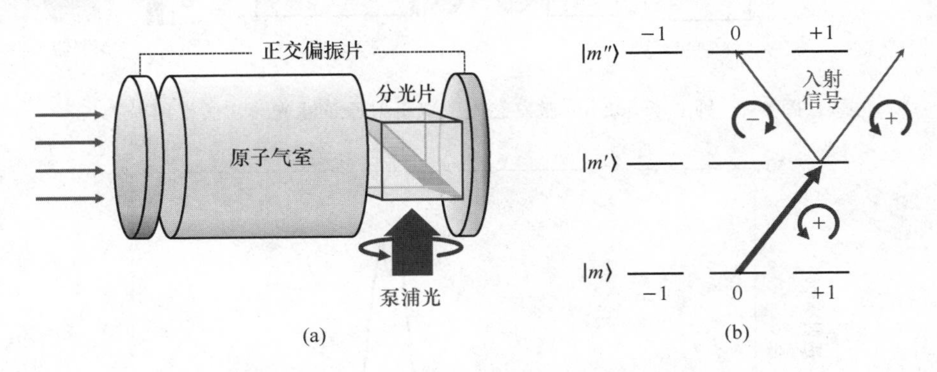

图 6-1　光致双折射型原子滤光器原理图

利用第 2 章介绍的理论工具，从密度矩阵方程出发可以解出原子相对的矩阵元，从而得到左右旋圆偏振光的折射率，详细的理论模型由掌蕴东教授研究组于 2009 年完成[103]，此处不再赘述。

6.2 光致双折射原子滤光器的主要发展

6.2.1 激发态光致双折射原子滤光器

光致双折射原子滤光器由 S. K. Gayen 和 R. I. Billmers 等人于 1995 年提出并在钾原子中实现。由于文章的标题为“Induced-dichroism-excited atomic line filter at 532 nm”，故之后的相关研究均一致地以缩写 IDEALF 来指代这一类型的原子滤光方法。目前，光致双折射只在钾元素和铷元素的原子气室中实现。

1. 钾元素激发态光致双折射原子滤光器

1995 年，S. K. Gayen 并实现了钾原子 $4P_{1/2}$-$8S_{1/2}$ 激发态跃迁谱线的光致双折射效应。实验结构与他们同年的激发态 Faraday 型类似，如图 6-2 所示。实验所使用的泵浦光和信号光依然是 10Hz 重复频率的 10ns 脉冲激光器，泵浦激光器峰值功率达到 0.8 MW/cm^2（脉冲能量 76 mJ），探测光为 10 mW/cm^2（对应脉冲能量 0.3 pJ），气室温度仍然在 200 ℃以上。在圆偏振泵浦的情况下，在 532 nm 谱线上的峰值透射率能够达到 40%，带宽约 4 GHz（3.8 pm）。钾原子 532 nm 激发态光致双折射原子滤光器透射谱如图 6-3 所示。

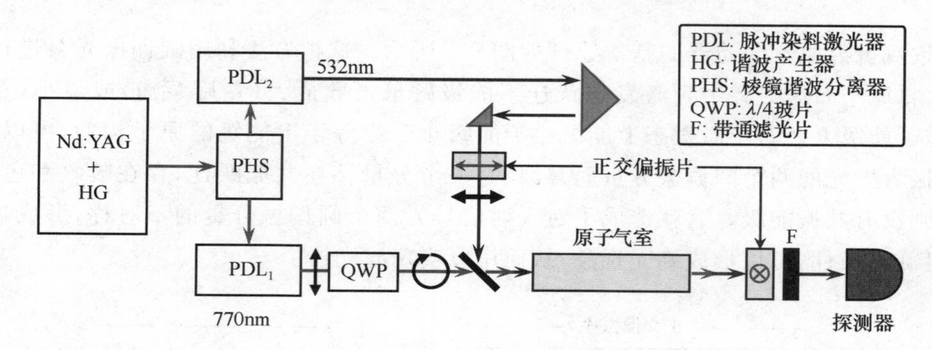

图 6-2 钾原子 532 nm 激发态光致双折射原子滤光器实验框图

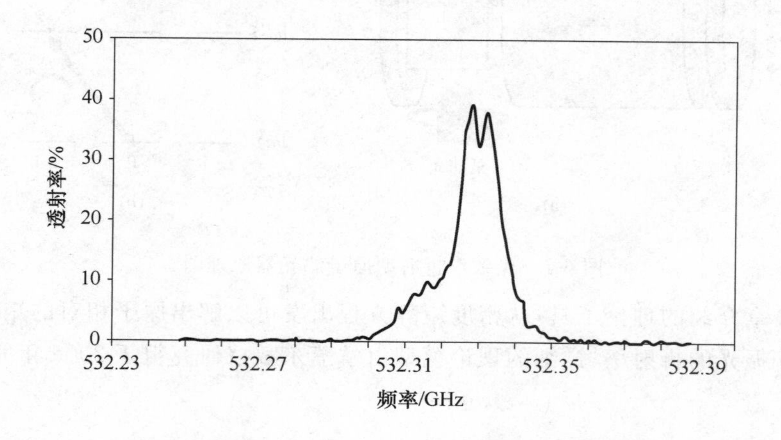

图 6-3 钾原子 532 nm 激发态光致双折射原子滤光器透射谱

钾元素实现 IDEALF 的另一条谱线是 $4P_{3/2}$-$6S_{1/2}$ 跃迁线，波长为 694.1 nm。L. D. Turner 等人于 2002 年设计并实现了这一谱线的 IDEALF 透射谱[97]。实验装置如图 6-4 所示，采用钛宝石激光器泵浦，泵浦光强 330 mW/cm^2，气室温度 110 ℃，气室长度 7.5 cm。与 S. K. Gayen 等不同的是，他们采用对向泵浦，并仔细地设计了实验参数，使速度选择效应得以显著的表现出来，从而实现了对一级 Doppler 效应的消除。实验得到的透射谱如图 6-5(a)所示，峰值透射率 9.5%，通过速度选择将带宽抑制到了 170 MHz。由于 $4P_{3/2}$ 能级的 Zeeman 子能级间的弛豫效应，会造成在非目标能级上的布居，从而影响透射谱和带宽，这一点受到泵浦光功率的影响，结果如图 6-5(b)所示。

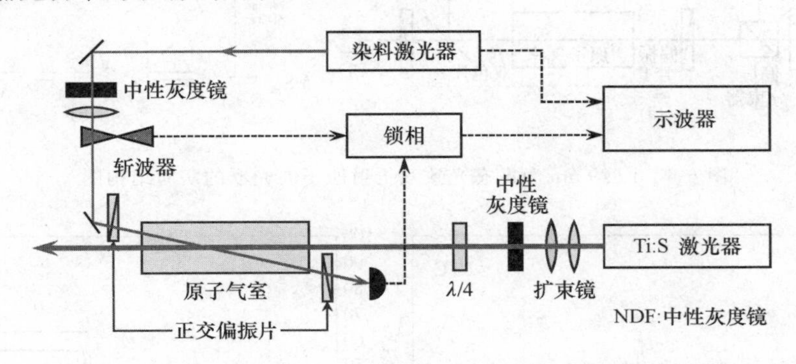

图 6-4 钾原子 694 nm 激发态光致双折射原子滤光器实验框图

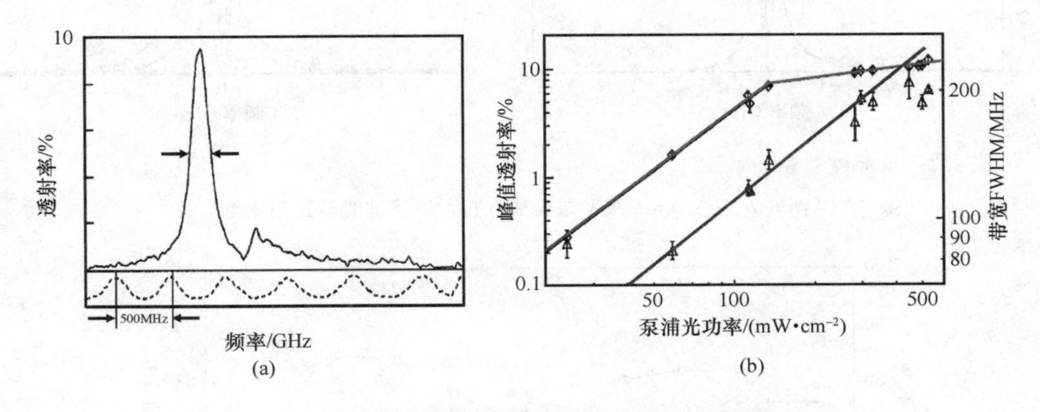

图 6-5 钾原子 694 nm 激发态光致双折射原子滤光器透射谱

2. 铷元素激发态光致双折射原子滤光器

铷元素激发态光致双折射原子滤光器的首次实验实现也是在 $5S_{1/2}$-$5P_{3/2}$ 跃迁线 776 nm 波长上实现的。2007 年，哈尔滨工业大学的掌蕴东教授团队报道了在 137 ℃、10 cm 原子气室中观察到该跃迁线 9%的透射率，使用的泵浦光强为 2.90 W/cm^2[98]。

近期，作者及合作研究者细致研究了通信波段 1529 nm($5P_{3/2}$-$4D_{5/2}$)跃迁强线的光致双折射滤光效应[99]，实验采用的能级结构和实验框架如图 6-6 所示，呈现典型的光致双折射结构。在 80 ℃、60 cm 长的原子气室中，在泵浦功率为 13.4 mW/mm^2(1.34 W/cm^2)时透射率达到了 63.8%。典型的透射谱如图 6-7 所示。可以看到的是，随着温度的上升，峰值透射率并没有随之上升，而是出现了一定程度的下降。更细致的测量发现，随着温度的变化，透射谱的透射峰位置也发生了改变。如图 6-8 所示，在温度变化范围内，透射峰位置移动了近 0.8 GHz。这是由于非目标能级泵浦导致的共振频率附件的吸收增强，导致表观的频率移动。

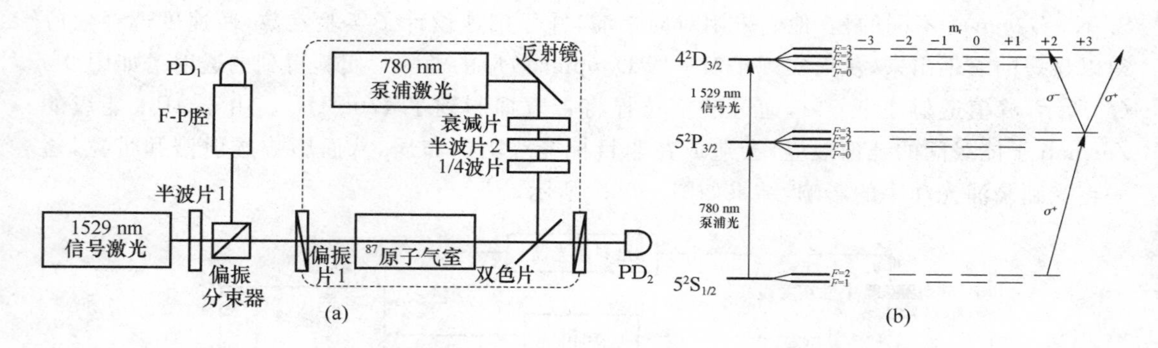

图 6-6　1 529 nm 激发态光致双折射原子滤光器的实验结构图

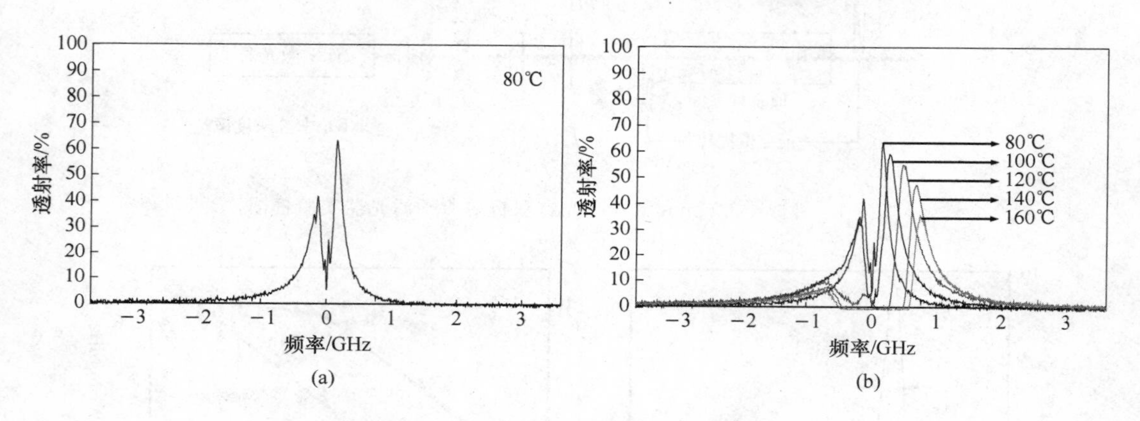

图 6-7　1 529 nm 激发态光致双折射原子滤光器透射谱

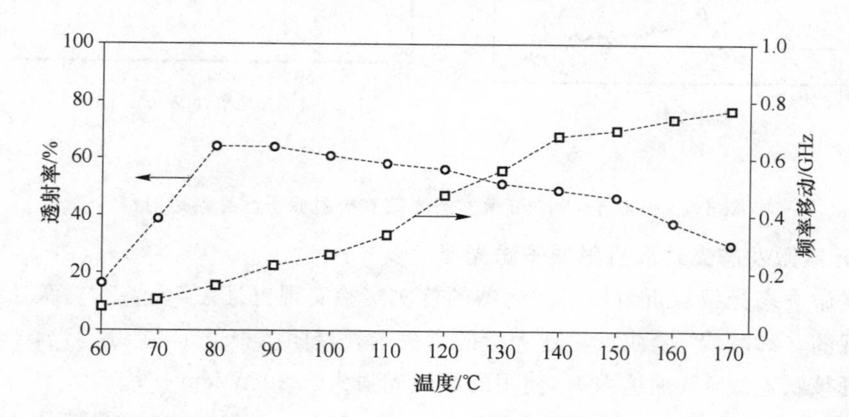

图 6-8　1 529 nm 激发态光致双折射原子滤光器透射率和透射峰与温度的关系

6.2.2　基态 IDEALF

尽管基态的原子滤光器可以是被动的(无源的)，使用光致双折射效应对原子进行速度选择也是压窄原子滤光器线宽的一个有效手段，在铷的 D 双线已经得到了实验实现。

2009 年，A. Cerè 等人将光致双折射效应应用到铷元素 D_2 线上，将原子滤光器的透射谱带宽压窄到了 80 MHz[100]。2012 年，掌蕴东教授组进行了铷原子 D_1 线的基态光致双折射实验，报道了 61 MHz 的透射谱带宽[101]。

6.3 光致双折射原子滤光器与磁致双折射原子滤光器的比较

激发态原子滤光器的基本结构是光学泵浦下的双折射引起的窄带旋光效应。在这个过程中，需要两个关键因素。

一是足够的能够参与旋光过程的原子数。对一般的基态原子滤光器来说，提升原子数密度的有效手段是升温。在激发态情况下，增加了将原子从基态泵浦到激发态的过程，因此对泵浦光的功率、频率和线宽等参数也提出了要求。因此，如前所述，泵浦光的选择与设计是激发态原子滤光器的一个重要因素，这一点对磁致双折射和光致双折射都是如此。

二是破坏原子系统的对称性以实现双折射。原子气室在自由状态下是不具备偏振选择特性的。磁致双折射下，磁场方向提供了双折射的轴向，Zeeman 分裂和频移提供了双折射需要的折射率差。光致双折射下，泵浦光传输方向提供了双折射的轴向，磁子能级的布居数偏移提供了双折射需要的折射率差。

上述分析中，可以发现光致双折射原子滤光器与磁致双折射原子滤光器的一个主要差别是，光致双折射中，原子数和双折射都由泵浦光提供，而磁致双折射需要附加磁场（有时候这个磁场非常大）。由于对原子数的需求导致泵浦光必然要参与，所以对于一般的激发态原子滤光器来说，磁场似乎有些冗余。

通过对比实验可以印证这一点。依然以铷元素 1 529 nm 跃迁线为观测对象，我们进行了三种原子滤光器的对比实验。实验采用同一个原子气室，在相同的温度和泵浦功率条件下，测量了三种激发态原子滤光器的带宽和峰值透射率，实验结构如图 6-9 所示。

对比实验结果显示如图 6-10 所示。从图中可以看出，当温度低于 100 ℃时，光致双折射和 Faraday 型的峰值透射率接近，但是 Voigt 型的峰值透射率非常低。随着温度继续升高，光致双折射的峰值透射率不升反降，而由于原子气室内原子数密度随工作温度升高不断增加，Faraday 型的峰值透射率将一直上升。Voigt 型则只有在升至较高温度后才会达到很高的峰值透射率。带宽方面，Faraday 型和 Voigt 型的带宽都随工作温度升高而有显著的增长，而光致双折射的带宽并没有随着温度的增加而发生显著变化。

对这一现象的简单理解是，对比 Faraday 型，Voigt 型的低透射率的原因与基态是一样的，是由于对本征偏振态利用不充分导致的。光致双折射方面，由于没有磁场拉开磁子能级之间的能量差，因此温度更容易影响其粒子数分布。Faraday 型和 Voigt 型原则上都是希望磁子能级上粒子数均匀分布的，因此高温导致的粒子数在磁子能级转移对其没有负面影响，而完全依赖磁子能级布居数偏移的光致双折射效应则受影响比较大。

总的来说，光致双折射激发态原子滤光器的性能在很大程度与磁致型没有大的差距。鉴于可以摆脱磁场这一重要优势，在一般应用条件下，应该优先考虑光致双折射型。但是，对于一些低饱和蒸汽压元素和弱共振线的情况，大磁场能够提供额外的强旋光系数，这却是光致双折射型所不具备。

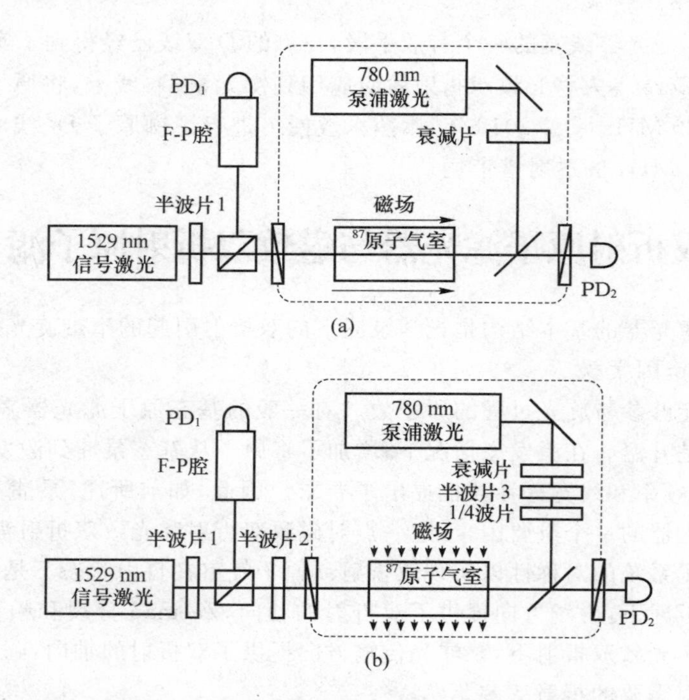

图 6-9 铷元素 1529 nm 磁致旋光和光致旋光滤光器的对比实验结构图（光致旋光如图 6-6 所示）

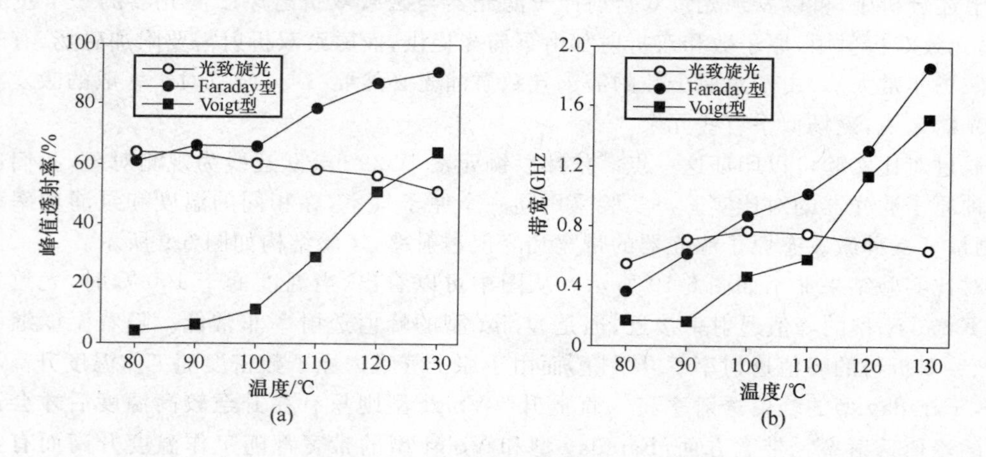

图 6-10 铷元素 1529 nm 磁致旋光和光致旋光滤光器的对比实验结果

第7章　原子滤光器新进展

如前所述，原子滤光器经历了原子共振滤光器、Faraday 和 Voigt 双折射滤光器和光致双折射滤光器的发展，已经取得了丰富的研究成果。近期的几项原子滤光器技术具有重要的意义。

一方面空心阴极灯和无极灯的引入具有重要的意义，有效开拓了原子滤光器的技术路线。空心阴极灯为高熔点（低饱和蒸汽压）的元素提供了新的气化方式，回避了以往通过升温来提高气室饱和蒸汽压的唯一途径。无极灯的使用则绕开了激光泵浦的限制，极大地降低了激发态原子滤光器的复杂性和研制成本。

另一方面，缓冲气体对原子滤光器的影响也逐渐展开。缓冲气体一度是原子共振滤光器的必要条件，但是在双折射型中长期没有深入研究。缓冲气体对原子滤光器透射线型的研究结果显示了复杂的光泵浦过程，而强光条件下的边带压制效果对激光器频率锁定等应用具有重要的意义。

此外，2017 年，基于一氧化氮顺磁特性的第一个分子滤光器终于实现，显示出分子光谱独特的滤光性质，为原子滤光器的技术发展再添一个新的方向。

正因为这几个新的技术进展对原子滤光器技术的发展方向具有一定的带动性，所以本章将分别介绍。

7.1　基于空心阴极灯的原子滤光器

目前，原子滤光器通常要加温工作。加温工作以获得更多的原子数密度是包括基态原子滤光器在内的所有原子滤光器的共同问题。第 1 章表 1.1 给出了目前各类原子滤光器的典型参数。可以看到，除了氦这种气体元素外，无论采用哪一种原子滤光器实现方式，都无法实现常温工作，普遍需要加热并进行温控，这一点大大限制了原子滤光器的实用性，尤其是在低温环境和中波及长波红外波段的应用。不仅如此，除了铯、铷、钾等少量元素外，很多固体元素都需要很高的温度才能得到足够的原子数密度，这一点严重限制了元素的选取范围。

空心阴极灯有可能是解决上述激发态原子滤光器问题的一个重要途径。空心阴极灯是一个封闭的气体放电管，用目标元素纯金属或合金制成圆柱形空心阴极，用钨或钛、锆做成阳极，灯内充惰性气体，通过辉光放电使惰性气体原子电离，带正电荷的惰性气体从电场获得动能，撞击阴极表面使得原子溅射形成原子气，从而产生阴极物质的共振线。空心阴极灯的原子气产生不是基于通常的饱和蒸气，因而其原子数密度原则上不受温度制约。一种典型穿透（See-Through）型的空心阴极灯管构造如图 7-1 所示，可采用双阳极提高性能。

采用空心阴极灯可实现无加温原子滤光器方案[102]。以穿透型空心阴极灯管代替通常的原子气室，成功实现了基于锶元素的基态原子滤光器。如图 7-2 所示的常温下峰值透射率达到 62.5%，等效饱和蒸汽 300 ℃左右，证实了使用空心阴极灯克服原子滤光器高温工作的可行性。

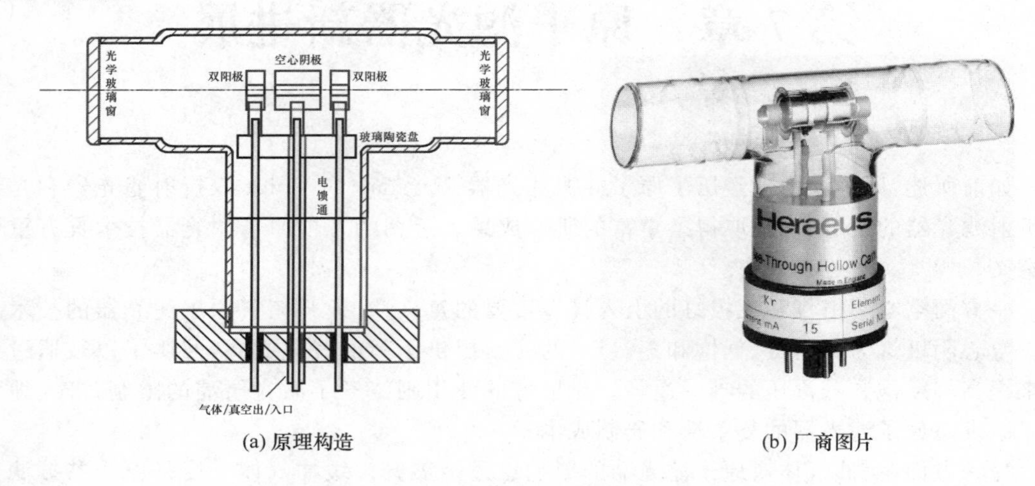

(a) 原理构造　　(b) 厂商图片

图 7-1　穿透型空心阴极灯管

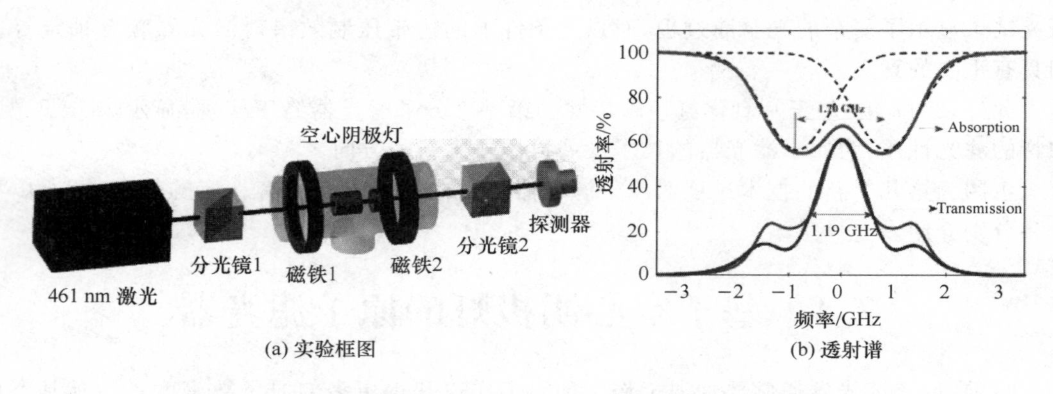

(a) 实验框图　　(b) 透射谱

图 7-2　锶空心阴极灯的原子滤光器

7.2　无极灯泵浦的激发态原子滤光器

1884 年，人们第一次发现了无极放电的现象，1891 年，世界上产生了第一个无极放电光谱灯。这种灯具有高亮度，无频闪等特点，在照明和光谱学研究中有重要的应用意义。铷原子无极放电灯是微波铷原子中的一种重要泵浦光源，其作用是在铷原子基态超精细能级间实现原子抽运，以获得能级间共振跃迁稳定的微波频率信号。

以铷灯为例，其结构主要包括充有缓冲气体的铷原子泡，射频线圈及电路，控温装置。当有 100 ℃左右的温度，并供给 70～200 MHz 的射频功率，铷灯会被点亮。在灯点亮的过程中，铷泡内的电子和离子首先被射频功率激励，和缓冲气体发生了碰撞，激发出更多的电子和离子，具有高能量的电子和离子将缓冲气体激发到高能级，当它们自发辐射跃迁下来的时候就释放出光子，这样缓冲气体的光谱就出现了，这些缓冲气体撞击铷原子的时候，将其激发到高能态,当铷原子自发辐射跃迁下来,铷原子的光谱就出现了,灯就会呈现绚丽的紫红色。

2011 年和 2012 年,北京大学使用透射式的铷无极灯实现了 776 nm 和 1529 nm 两条激发态谱线的 Faraday 型原子滤光器[103,104]。该工作使用的铷无极灯处于三种工作模式:Ring 模式,Red 模式和 Weak 模式。当铷灯工作在 Ring 模式,灯的温度低于 100 ℃,射频功率比较高的时候,容易出现玻璃泡的中心发白,周围一圈显示为紫红色;Red 模式下的玻璃泡通体都是紫红色,一般当温度高于 100 ℃以上,射频功率比较低的时候,Red 模式容易出现;射频功率非常低的时候处于 Weak 模式,灯光很暗,中心已经不发光,只有周围还有一圈暗紫红色。

铷无极灯对 776 nm 的滤光结果如图 7-3 所示[110],工作温度为 250 ℃,磁场值为 100 G,无极灯长度 3 cm。铷无极灯的主要问题是本底信号的影响。三种模式下有不同的本地信号,这个信号几乎全部来自灯光。Weak 模式下虽然灯光背景不强,但是透射信号太弱;而 Ring 模式下灯光背景太强;Red 模式表现得相对好一些。人为扣除灯光影响后,Red 模式下的信号线宽是 650 MHz,峰值透射率为 1.9%。

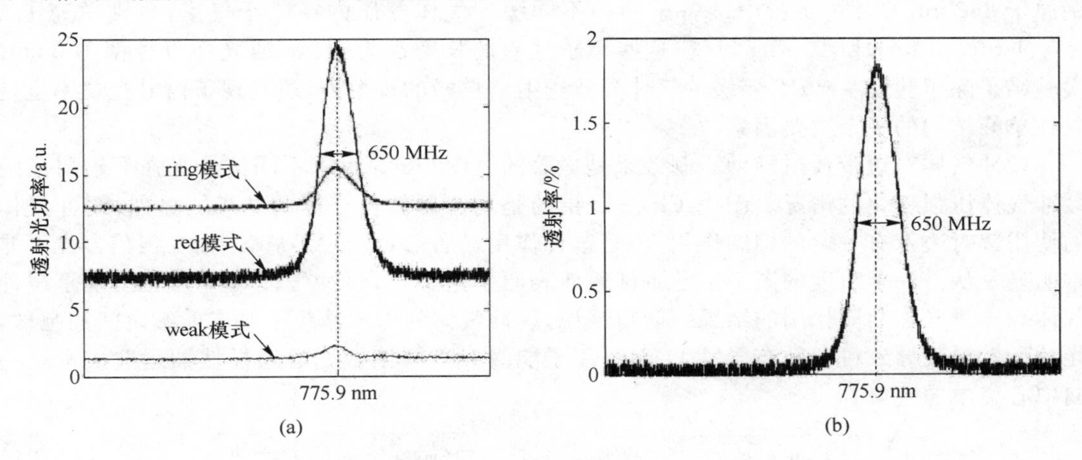

图 7-3 铷无极灯 776 nm 激发态原子滤光器透射谱

铷无极灯在 1 529 nm 谱线上的表现要好得多[104],这主要是由于谱线强度大。工作温度 220 ℃、100G 磁场下,3 cm 铷灯长度即达到了 21.9%的透射率,透射谱如图 7-4 所示(已扣除背景灯光的影响)。

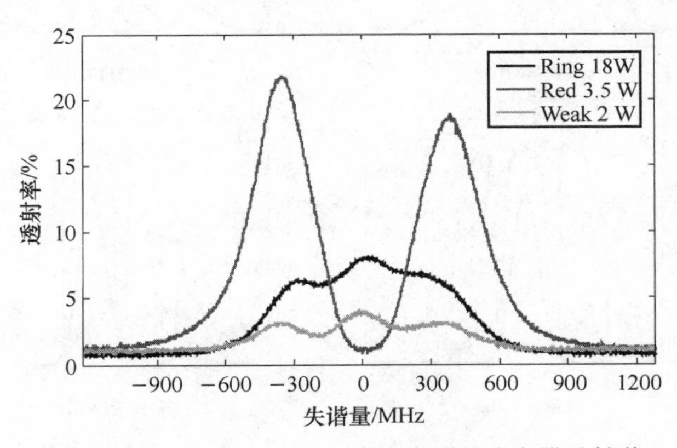

图 7-4 铷无极灯 1 529 nm 激发态原子滤光器透射谱

需要特别指出的是，这种无极灯的激发方式就决定了背景噪声的影响，因此这种滤光器结构并不适合作为微弱光信号滤光降噪使用，而对于激光器稳频等应用具有较高的价值，这一点会在第 8 章提到。

7.3 缓冲气体压制边带的单峰原子滤光器

由于超精细结构的存在，原子滤光器的透射谱一般呈现多峰结构。近期的部分研究工作表明，缓冲气体的加入能够有效地抑制 Faraday 型原子滤光器的多峰结构，将透射峰向中心集中。

2012 年，作者当时所在的北京大学研究组在铯原子 Faraday 型原子滤光器中观察到了缓冲气体导致的单峰现象[105]。利用充有 2 torr 氩气的铷原子气室，实现了一种单透射峰原子滤光器。在铷原子 D_2 线 780 nm 波段，在工作温度为 63 ℃、磁场值为 300 G 时，实现了单峰透射，峰值透射率达到 30%，透过谱带宽 1.4 GHz。

受限于实验条件的限制，更细致的研究于 2017 年才得以完成[106]。这次实验采用的是铯原子 852 nm D_2 线，实验中准备了四种不同缓冲气体气压的铯原子气室，分别填充了 0 torr、1 torr、5 torr 和 10 torr 氩气，这些原子气室的长度都为 6 cm，通光面直径都为 2 cm。实验结果除了验证了 2012 年缓冲气体导致透射谱单峰的现象外，还发现了信号光功率也是导致单峰结构的一个重要因素。

缓冲气体对边带透射峰的压制效果是显著的。图 7-5 显示了不同信号光强下透射谱随缓冲气体压强变化的情况。图中 ElecSus 指的是用开源软件计算的结果。显然，缓冲气体的使用都对边带有一定的抑制作用，但是这种作用在弱信号光时不显著，而在强信号光下非常明显。从另一个角度的图 7-6 更加显著地表明了这一点，缓冲气体中单峰的出现是缓冲气体和探测光强共同作用的结果。简单来说，缓冲气体的出现减缓了基态能级之间的弛豫，光抽运效果又导致粒子数布居发生变化，原子能级对不同偏振光的选择性抽运造成了这种向中心集中的现象。

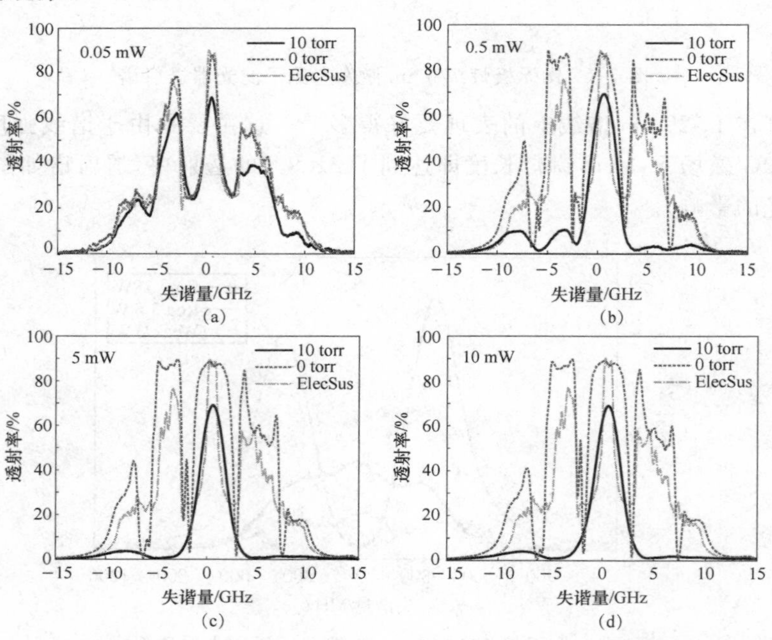

图 7-5　缓冲气体对 Faraday 型原子滤光器透射峰边带的压制(一)

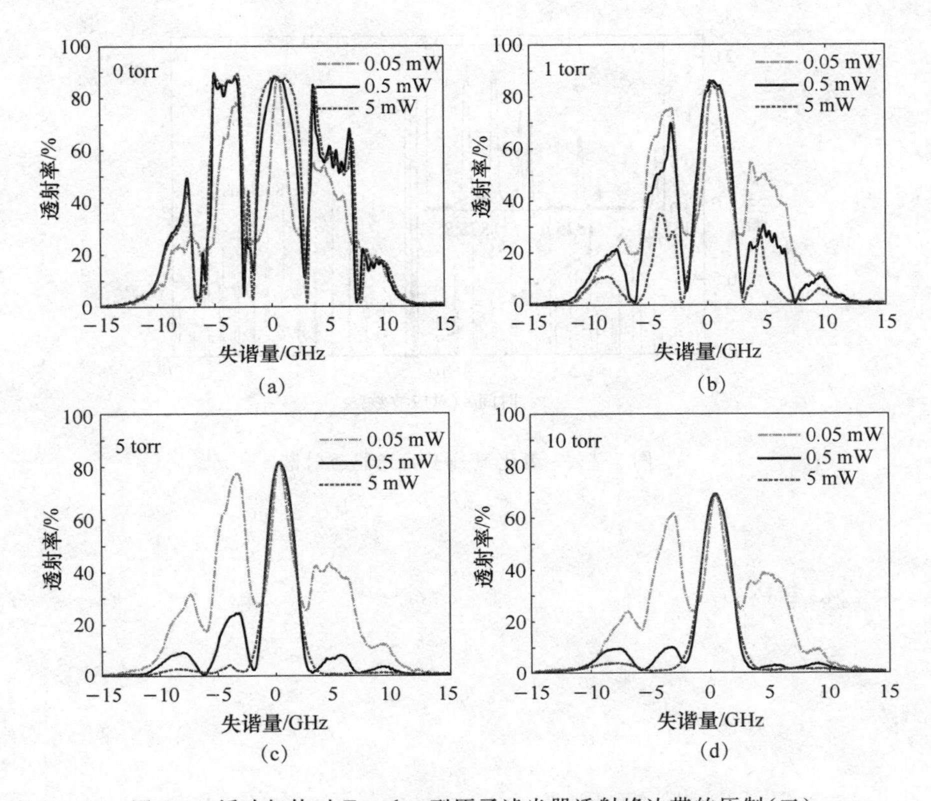

图 7-6　缓冲气体对 Faraday 型原子滤光器透射峰边带的压制(二)

需要指出的是,即使没有缓冲气体的影响,信号光强也会大幅改变原子滤光器的透射谱,相关研究工作见文献[107]。

7.4　分子 Faraday 型滤光器

在原子滤光器的研究进程中,出现了 Faraday 分子滤光器这一新的实现方式。分子与原子的一个很大的区别在于分子,尤其是小分子,很难具有顺磁性,即磁场对一般分子的振转能级的影响非常小,很难形成有效的旋光效应。一氧化氮是不多的具有顺磁性的小分子气体,能够产生旋光效应,利用这个效应可以通过光学手段进行大气成分检测。

2017 年,中科院武汉物数所利用一氧化氮分子,实现了第一个利用分子跃迁线的 Faraday 型滤光器[108]。该工作的光谱范围为 1 922 cm^{-1} 到 1 820 cm^{-1}(5.2～5.5 μm),透射率可达 50%以上。透射谱在很宽的光谱范围内呈现多峰结构。这项研究对于新型滤光器的研究具有重要的意义。

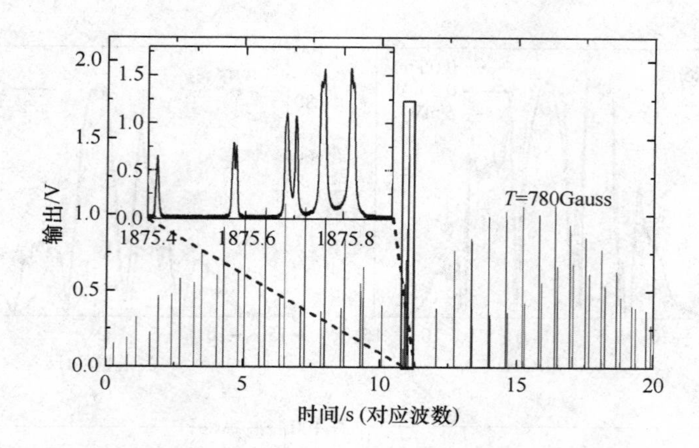

图 7-7 一氧化氮分子滤光器透射谱

第8章 原子滤光器的现代应用

原子滤光器的应用研究报道门类繁多,涵盖传统光学到量子技术乃至生物医学的诸多方面,本章列举不多几个具有代表性的研究工作,以揭示冰山一角。

8.1 原子滤光器在激光频率锁定中的新进展

近年来,基于 Faraday 型原子滤光器,提出并实现了一系列基于 Faraday 型原子滤光器内稳频的新型激光器。将 Faraday 型原子滤光器置于激光腔内进行选模,选择合适的参数能够将激光器的稳定性提升到很高的水平。

近期,原子滤光器用于激光稳频取得了重要进步,首次实现了激发态原子滤光器的激光稳频及输出[109]。该工作得益于前期对无极放电灯的相关研究。在新的研究工作中,进一步将无极放电灯在 1 529 nm 的透射率提高到了 46%,为模式选择提供了很好的结构。实验框架如图 8-1 所示,将处于 Red 模式的无极灯置于激光腔内,在激光二极管电流为 85~171 mA,温度 11 ℃~32 ℃的范围内进行了 24 小时性能测试,频率漂移不超过 600 MHz,表现出了很高的稳定性。

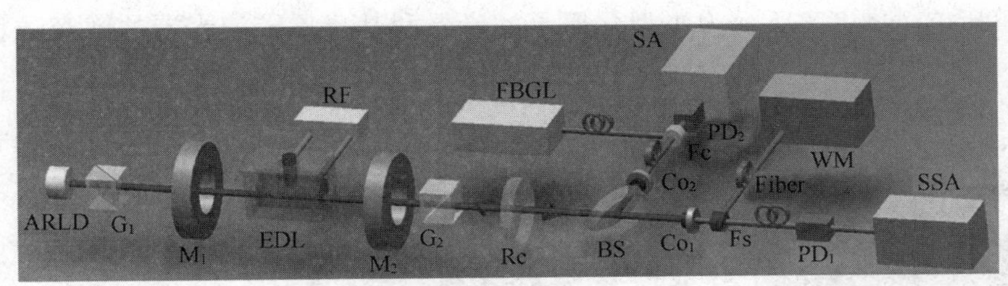

ARLD—防反射膜激光二极管;
RF—射频模块;
$M1/M_2$—永磁体;
EDL—无极灯;
G_1/G_2—Glan-Taylor棱镜;
BS—50%分束片;
Rc—腔镜(反射率80%,透射率20%);
Co_1/Co_2—光纤耦合器;
Fc—光纤合束器;
Fs—光纤分束器;
Fiber—单模光纤;
PD_1/PD_2—光电二级管;
FBGL—光纤Bragg光栅激光(测线宽);
SSA—信号源分析仪;
WM—波长计;
SA—信号分析仪

图 8-1 激发态原子滤光器频率锁定实验框架

8.2 原子滤光器在激光通信中的应用

激光通信是指使用光频段电磁波作为载波的通信方式,与传统的微波通信相比,光通信更适合高码率、大容量通信的需要。激光通信分为光纤激光通信与空间激光通信两种。其中空间激光通信无需铺设光纤,光信号直接在水下,大气中或太空中传输并实现点对点或点对多点的无线高速信息传输。空间激光通信系统的接收设备主要由光学接收天线和光检测器等组成。信息接收时，光学接收天线将接收到的光信号聚焦至光检测器，恢复成电信号，再通过信息处理过程还原为信息。空间激光通信有一种很重要的干扰，即背景光噪声干扰。背景光是由太阳辐射、地面反射、大气散射而形成的各个方向各个波长的光线。激光在大气中传输时受分子吸收，大气气体散射和折射，灰尘遮挡等影响，损耗会增大。此时背景光造成的信噪比下降问题就更加严重。水下的激光通信系统也存在类似问题。事实上，只要空间光通信系统工作在一个亮背景下，那接收端收入的光功率除了光信号之外，必然存在探测器空间和频率响应范围内的背景光噪声能量。因此空间激光通信系统必须使用滤光器件。这是原子滤光器的重要应用之一。

应用于空间激光通信系统的原子滤光器有固定的波段，因为空间光通信的工作波段必须选择在传输介质的通光窗口内，即其传输介质对窗口内的光信号基本不吸收或吸收很小。对于大气空间光通信，工作波长一般选择近红外波段；对于水下空间光通信，工作波长一般选择蓝绿波段。

美国 Thermo Trex Corporation 曾为美国军方研究超窄带原子滤光器在军用光通信系统中的应用。美国军方的美国战略防御计划（the Strategic Defense Initiative Organization，SDIO，后更名为美国弹道导弹防御组织，BMDO）曾为 ThermoTrex 提供研究经费，支持其发展红外波段的原子滤光器。20 世纪 90 年代时，ThermoTrex 将 852 nm 的铯原子滤光器工程实用化，使用仅 1 cm 长的 Cs 原子气室，温度控制在 121 ℃，磁场仅 50 G。然而其性能并未下降，通带带宽小于 0.01 nm，峰值透射率大于 80%。他们也研制了发射端的稳频系统，把原子滤光器置于激光器外腔中起选频作用，将所有通带外的纵模抑制掉，只保留峰值处的光反馈，这样就把激光工作频率锁定在透射峰位置处。另外还可以通过改变参数调节滤光器透射峰位置，从而实现激光频率的调谐，以消除通信系统终端在高速移动中造成的 Doppler 频移影响。图 8-2 所示为小型化原子滤光器和基于原子滤光器的激光通信系统终端。

<0.01 nm 带宽
提供宽捕获视角

5.5 in 捕获/通信
接收机

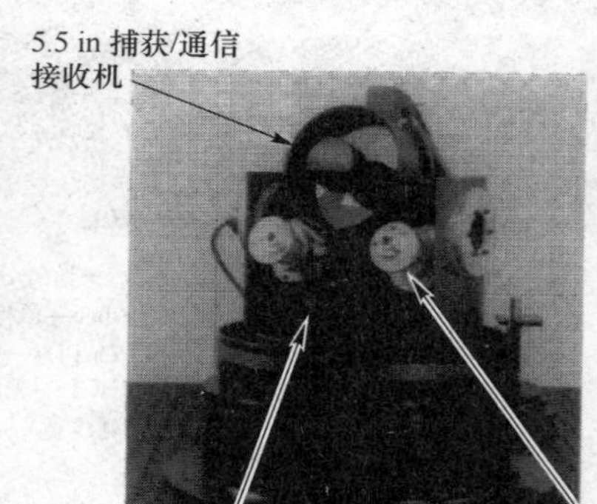

4×1 in. ×200 mW 峰值通信激光器

2×2.5 in. ×100 mW 捕获信标

· 捕获现场 1.25°
——所有光照条件
· 数据速率 1.13 GBPS
· 光学接收机重量≈22 lbs
· 系统功率 75 W
· 作用距离 200-600 km 空-空
1500 km 空-LEO

图 8-2 小型化原子滤光器和基于原子滤光器的激光通信系统终端

8.3 原子滤光器在激光雷达中的应用

激光雷达的工作原理是，首先发射一个激光信号，信号到达被测目标时发生反射或者散射，由此产生的回波信号被雷达探测系统接收，经分析处理就可以得到被测目标的相关信息。激光雷达的主要优势在于方向性好和探测分辨率高。不过也正因为其指向性很强，它无法进行大范围探测，主要是对固定目标的某项特性进行精细观测，比如大气探测和海洋探测。大气探测主要是探测 100 km 左右的高空金属层特性，一般是发射与钠原子或钾原子共振的探测激光，然后检测其荧光回波。但是在白天的时候，太阳背景光噪声比 100 km 高空的荧光信号强太多，导致最初的激光雷达无法在白天工作，这样就无法实现长期连续的观测，也会失去很多重要信息，此时就需要一个高性能滤光器件将背景光滤除，保留原子共振波段的荧光回波信号，原子滤光器就非常适合这种场景。

原子滤光器作为雷达应用的一个代表性工作是科罗拉多州立大学 1996 年对中间层顶温度实现全天时测量的报道[110]。他们借助 Faraday 型原子滤光器的出色性能研制了钠原子激光雷达，这种新型的窄带激光雷达可 24 小时连续探测 100 km 左右高空大气的风场和温度信息。系统原理图如图 8-3 所示，将望远镜收集的信号耦合进原子滤光器。图 8-3 所示显示了在不同时间的探测系统本底噪声。可以看到，滤光器的使用使正午和凌晨 4 点的噪声水平相当，而没有使用滤光器的通道的噪声水平在凌晨 4 点数据即大了一个数量级，显示了原子滤光器对于全天候光学系统的作用。德国 Rostock 大学研制的 K 原子激光雷达进一步提高了测量精度，他们可以把温度测量的误差缩小到 3 K 以下[111]。

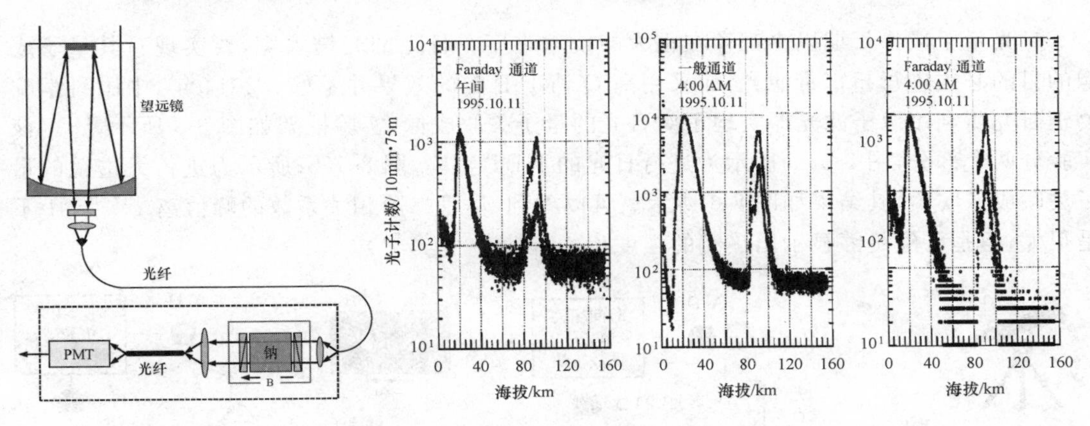

图 8-3　原子滤光器用于激光测温雷达

8.4　原子滤光器在量子技术中的应用

量子技术的很多实现手段需要依赖于极其微弱的量子信号，因此对噪声异常敏感，原子滤光器在量子技术中有突出作用，代表性的成果如下。

8.4.1　量子通信

2006 年，中科院武汉物数所设计并实现了原子滤光器在量子密钥分发(QKD)中的应用[112]，这是目前公开报道的原子滤光器用于 QKD 的唯一一项工作。如图 8-4 所示，在 Alice端用一个原子滤光器稳频，Bob 端用一对原子滤光器分别对 BB84 两个偏振编码方向滤光。利用这种方法成功地在户外实现了阳光下的量子密钥分发验证实验，有效降低了误码。该方法随后进一步获得了美国专利授权。

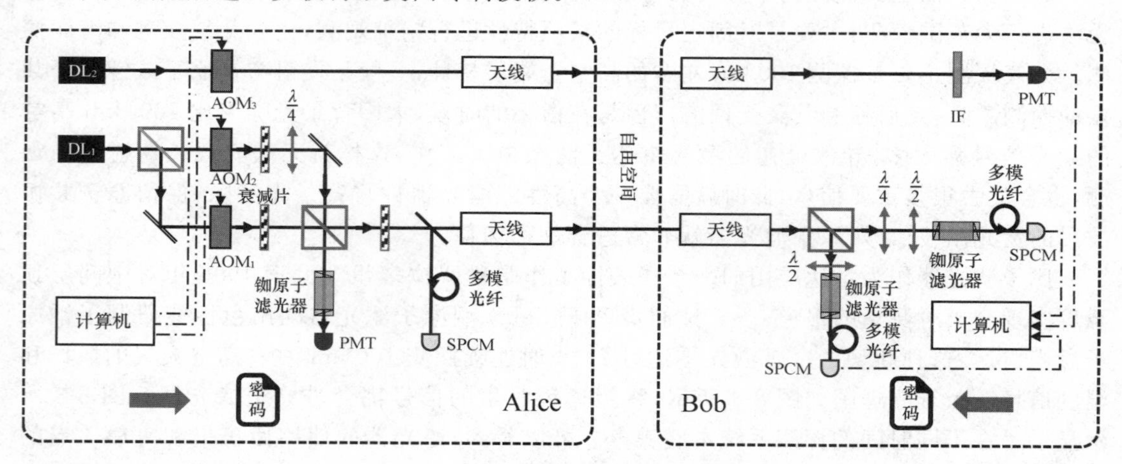

图 8-4　原子滤光器用于量子密钥分发系统

8.4.2　量子成像

日光量子成像长期以来都存在很大的技术难度。日光的光谱太宽，要实现对其量子成像的目的必须进行超窄带滤光，而采用高 Q 值 F-P 腔的效果并不好。2014 年，中国科学院物理研究所利用原子滤光器实现了对日光的量子关联成像，实验框架如图 8-5 所示[113]。该实验分两个部分，图 8-5(a)所示为进行日光的 HBT 实验，图 8-5(b)所示为进行无透镜的量子关联成像实验，其结果如图 8-6 所示。可以看到，尽管二阶相关系数的峰值离 $g^{(2)}=1$ 不是很大，但是已经足够显示出热光的强度相关特性。

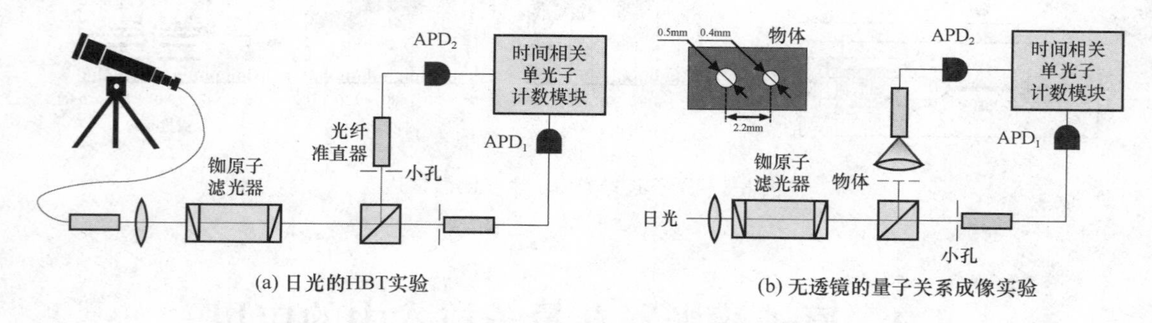

图 8-5　原子滤光器用于日光量子关联成像系统

8.4.3　可预报单光子源

利用氮-空穴(NV)色心量子点产生的 Mollow 三重谱是可预报单光子源技术的重要实现方法之一。Mollow 三重谱(Triplet) 是在缀饰态 (Dressed State) 表象中出现的一种效应。缀饰态表象下，考虑到辐射场具有不同光子数的本征态，二能级原子的上下能级均存在简并。此时若泵浦光频率与原子上下能级差存在失谐 Δ，将引入 Rabi 频率为 Ω_R 的 Rabi 振荡，解除上下能级的简并。此时，两对能级间的四个跃迁均非禁戒，其中的两个跃迁频率等

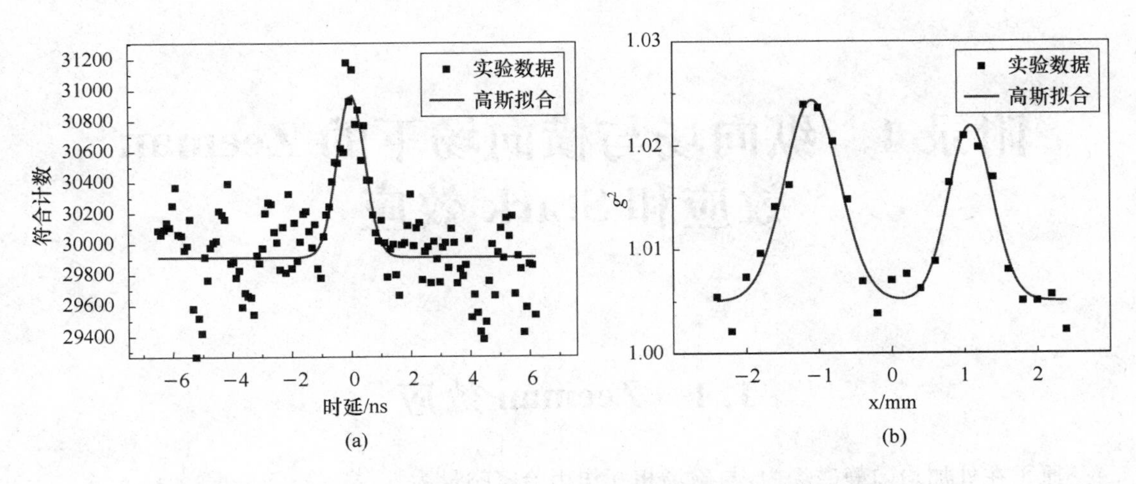

图 8-6 原子滤光器用于日光量子关联成像实验结果

于泵浦光频率，因此将在频谱上出现三条间隔为 Ω_R 的谱线，称为 Mollow 三重谱。Mollow 三重谱的两个边带之间具有级联特性，即光子总是成对出现，某一个边带的光子总是先于另一个边带的光子出现，边带出现的顺序取决于泵浦光是红失谐还是蓝失谐。这一特性很适合作为可预报单光子源（Heralded Single Photon Source），在量子信息和量子光学领域具有广泛的应用前景。

在可预报单光子源这一应用中，Mollow 三重谱的主峰不具有边带的级联特性，实用中需要被滤除。2012 年，德国斯图加特大学团队采用迈克尔逊干涉仪完成了对 NV 色心量子点产生的 Mollow 三重谱中主峰的滤光[114]，由于迈克尔逊干涉仪对光路稳定度要求很高，另外如果 Mollow 三重谱频率位置发生变化，那么要完成滤光就需更改干涉仪臂长，但在实际应用上存在不便，且滤光后存在主峰残余。2016 年，该团队报道了用铯 D_1 线 Faraday 原子滤光器（FADOF）完成主带滤光的实验工作[115]，通过调节磁场大小和控制铯原子汽泡温度，将该 FADOF 的两个透射带正好对应 Mollow 三重谱的两个边带，充分利用了 FADOF 较高的带内透射率和很高的带外抑制比，实现了对 Mollow 三重谱主峰的有效滤除。

原子滤光器的大量应用实例没有在这样一个小册子里包含进来，这些工作包括但可能不限于中科院武汉物理与数学研究所在对日观测和测温测速激光雷达方面的优秀工作、北京大学在无线激光通信方面的大量工作、英国 Durham 大学在激光稳频和线宽压窄方面的工作[116~118]、华沙大学在量子存储方面尝试等[119]。最近几年，原子滤光器的应用尝试一直在不断推陈出新，成果喜人。

附录1　纵向场与横向场下的 Zeeman 效应和 Stark 效应

1.1　Zeeman 效应

原子在外加均匀静磁场中，与磁场相互作用哈密顿量为

$$\hat{H}_{\boldsymbol{B}}=-\hat{\boldsymbol{\mu}}\cdot\boldsymbol{B}=\frac{\mu_B}{\hbar}(g_J\hat{J}+g_I\hat{I})\cdot\boldsymbol{B}$$

式中，μ_B 为波尔磁子；g_J 和 g_I 分别为电子运动总角动量和核自旋运动角动量的 Landé 因子。若选择外磁场沿 z 方向，则该哈密顿量可写为

$$\hat{H}_{\boldsymbol{B}}=-\hat{\boldsymbol{\mu}}\cdot\boldsymbol{B}=\frac{\mu_B}{\hbar}(g_J\hat{J}_z+g_I\hat{I}_z)\cdot B_z$$

由于核自旋所产生的磁矩很弱，它对哈密顿量的贡献即上式中第二项可以忽略，相互作用哈密顿量可近似写为

$$\hat{H}_{\boldsymbol{B}}=-\hat{\boldsymbol{\mu}}\cdot\boldsymbol{B}\approx\frac{\mu_B}{\hbar}g_J\hat{J}_zB_z$$

可把此哈密顿量作为微扰而计算能级在磁场作用下的分裂情况。如果考虑超精细相互作用，相应的哈密顿量为 $\hat{H}_{\mathrm{hfs}}$，若选择态矢量 $|IJFm_F\rangle$ 作为基矢，则超精细相互作用哈密顿量在这组基矢下的矩阵元只有对角项不为零，且对角项即为相应的为超精细分裂值。同时考虑超精细相互作用和磁场作用后的总微扰哈密顿量可写为

$$\hat{H}_{\boldsymbol{B}}=\hat{H}_{\mathrm{hfs}}+\frac{\mu_B}{\hbar}g_J\hat{J}_zB_z$$

它在基矢 $|IJFm_F\rangle$ 下矩阵元为

$$\langle IJFm_F|\hat{H}_{\boldsymbol{B}}|IJF'm_F'\rangle$$

因为在存在外加磁场条件下，考虑超精细相互作用后，只有外加磁场方向上总角动量投影的量子数 m_F 为好量子数(该方向上角动量投影仍为守恒量)，所以对于上式矩阵元只有量子数 m_F 相同的态之间才不为零。由超精细相互作用理论，$\langle IJFm_F|\hat{H}_{\mathrm{hfs}}|IJF'm_F\rangle$ 的值为

$$\frac{1}{2}\delta_{FF'}\left\{AK+B\left[\frac{3K(K+1)-2I(I+1)2J(J+1)}{2I(2I-1)2J(2J-1)}\right]\right\}$$

式中，$K=F(F+1)-J(J+1)-I(I+1)$，A 和 B 分别为磁偶极相互作用常数和电四极相互作用常数。计算磁场作用部分的矩阵元为

$$\left\langle IJFm_F\left|\frac{\mu_B}{\hbar}g_J\hat{J}_zB_z\right|IJF'm_F\right\rangle$$

运用 Wigner-Eckart 定理：

$$\langle IJFm_F|\hat{J}_z|IJF'm_F\rangle=(-1)^{F-m_F}\begin{pmatrix} F & 1 & F' \\ -m_F & 0 & m_F \end{pmatrix}\langle IJF\|\hat{J}\|IJF'\rangle$$

以及：

$$\langle IJF\|\hat{J}\|IJF'\rangle=(-1)^{I+J+F+1}\sqrt{(2F+1)(2F'+1)}\begin{Bmatrix} J & 1 & J \\ F' & I & F \end{Bmatrix}\langle J\|\hat{J}\|J\rangle$$

$$\langle J\|\hat{J}\|J\rangle=\sqrt{(2J+1)(J+1)J}$$

最后可将该矩阵元写为

$$\begin{aligned}&\left\langle IJFm_F\left|\frac{\mu_B}{\hbar}g_J\hat{J}_zB_z\right|IJF'm_F\right\rangle\\&=\mu_Bg_JB_z(-1)^{I+J+m_F+1}\sqrt{(2J+1)(J+1)J(2F+1)(2F'+1)}\\&\begin{pmatrix} F & 1 & F' \\ -m_F & 0 & m_F \end{pmatrix}\begin{Bmatrix} J & 1 & J \\ F' & I & F \end{Bmatrix}\end{aligned}$$

综合以上各式，总微扰哈密顿量的矩阵元为

$$\begin{aligned}\langle IJFm_F|\hat{H}_{\text{hfs}}|IJF'm_F\rangle=&\frac{1}{2}\delta_{FF'}\left\{AK+B\left[\frac{3K(K+1)-2I(I+1)2J(J+1)}{2I(2I-1)2J(2J-1)}\right]\right\}+\\&\mu_Bg_JB_z(-1)^{I+J+m_F+1}\sqrt{(2J+1)(J+1)J(2F+1)(2F'+1)}\times\\&\begin{pmatrix} F & 1 & F' \\ -m_F & 0 & m_F \end{pmatrix}\begin{Bmatrix} J & 1 & J \\ F' & I & F \end{Bmatrix}\end{aligned}$$

对于一定核角动量量子数 I 的原子，考虑由电子运动总角动量量子数 J 所标记的能级，以 $|IJFm_F\rangle$ 作为基矢。可通过上总微扰哈密顿量矩阵元得到相应的微扰矩阵，解久期方程即可得出在考虑超精细作用下，该能级 Zeeman 分裂的结果。

以上的 Zeeman 分裂计算方法适用于任意磁场强度并考虑超精细相互作用的情况。若磁场方向沿 x 轴方向，则总微扰哈密顿量可以写为

$$\hat{H}_B=\hat{H}_{\text{hfs}}+\frac{\mu_B}{\hbar}g_J\hat{J}_xB_x$$

为将角动量 x 轴分量转化为不可约张量分量而简化计算，可令：

$$\hat{J}_+=-\frac{1}{\sqrt{2}}(\hat{J}_x+\mathrm{i}\hat{J}_y)$$

$$\hat{J}_-=\frac{1}{\sqrt{2}}(\hat{J}_x-\mathrm{i}\hat{J}_y)$$

它们是角动量对应的一秩不可约张量的 $+1$ 分量和 -1 分量。通过这个转换，总微扰哈密顿量可以表示为

$$\hat{H}_B=\hat{H}_{\text{hfs}}+\frac{\mu_B}{\hbar}g_JB_x\frac{1}{\sqrt{2}}(\hat{J}_--\hat{J}_+)$$

它在基矢 $|IJFm_F\rangle$（注意此时基矢选择和磁场沿 z 方向时基矢选择相同，它们在同一坐标系下）下的矩阵元为

$$\langle IJFm_F|\hat{H}_B|IJF'm_{F'}\rangle$$

对于超精细相互作用哈密顿量，$\langle IJFm_F|\hat{H}_{\text{hfs}}|IJF'm_{F'}\rangle$的值仍为

$$\frac{1}{2}\delta_{FF'}\delta_{mm'}\left\{AK+B\left[\frac{3K(K+1)-2I(I+1)2J(J+1)}{2I(2I-1)2J(2J-1)}\right]\right\}$$

而磁场相互作用哈密顿量的矩阵元计算如下：

$$\frac{\mu_B}{\sqrt{2}}g_J B_x\langle IJFm_F|(\hat{J}_- - \hat{J}_+)|IJF'm_{F'}\rangle$$

其中：

$$\langle IJFm_F|\hat{J}_-|IJF'm_{F'}\rangle=(-1)^{F-m_F}\begin{pmatrix}F & 1 & F'\\ -m_F & -1 & m_{F'}\end{pmatrix}\langle IJF\|\hat{J}\|IJF'\rangle$$

$$\langle IJFm_F|\hat{J}_+|IJF'm_{F'}\rangle=(-1)^{F-m_F}\begin{pmatrix}F & 1 & F'\\ -m_F & 1 & m_{F'}\end{pmatrix}\langle IJF\|\hat{J}\|IJF'\rangle$$

综合以上各式，类似磁场沿 z 方向时的情况，现在可以把磁场沿 x 方向时的总微扰哈密顿量矩阵元写成为

$$\begin{aligned}\langle IJFm_F|\hat{H}_{\text{hfs}}|IJF'm_{F'}\rangle=&\frac{1}{2}\delta_{FF'}\left\{AK+B\left[\frac{3K(K+1)-2I(I+1)2J(J+1)}{2I(2I-1)2J(2J-1)}\right]\right\}+\\&\frac{1}{\sqrt{2}}\mu_B g_J B_z(-1)^{I+J+m_F+1}\sqrt{(2J+1)(J+1)J(2F+1)(2F'+1)}\times\\&\begin{Bmatrix}J & 1 & J\\ F' & I & F\end{Bmatrix}\left[\begin{pmatrix}F & 1 & F'\\ -m_F & -1 & m_F\end{pmatrix}-\begin{pmatrix}F & 1 & F'\\ -m_F & 1 & m_F\end{pmatrix}\right]\end{aligned}$$

同样，对于一定核角动量量子数 I 的原子，考虑由电子运动总角动量量子数 J 所标记的能级，以 z 方向的态矢$|IJFm_{F_z}\rangle$作为基矢。通过上总微扰哈密顿量矩阵元写出微扰矩阵，解久期方程可得出考虑超精细作用后，磁场方向沿 x 方向情况下，该能级 Zeeman 分裂的结果。

1.2 Stark 效应

在均匀静电场中，原子与静电场相互作用哈密顿量可以写为

$$\hat{H}_E=-\hat{\boldsymbol{d}}\cdot\boldsymbol{E}$$

式中，$\boldsymbol{d}=-e\cdot\hat{\boldsymbol{r}}$ 为原子系统的电偶极矩；$\boldsymbol{E}$ 为电场强度。

利用微扰论计算由外加静电场造成的能级变化。$\hat{H}_E$ 为奇宇称算符，有如下性质：

$$\hat{H}_E(-\boldsymbol{r})=-\hat{H}_E(\boldsymbol{r})$$

在微扰论中，能量一级微扰修正为微扰哈密顿算符在所修正能级波函数中的平均值，即

$$\Delta E^{(1)}=\langle\psi_i|\hat{H}_E|\psi_i\rangle=\int\psi_i^*\hat{H}_E\psi_i\,\mathrm{d}\boldsymbol{r}$$

由于 ψ_i 与 ψ_i^* 代表相同本征态，互为共轭，所以它们具有相同的宇称。而 $\hat{H}_E$ 为奇宇称算符，所以上式积分为零，即一阶微扰能为零。若写出 $\hat{H}_E$ 的矩阵，则有对角元为零。为此

需要计算二阶微扰修正，设修正的能级为$|\alpha Jm\rangle$，由微扰理论得出的二阶微扰能量修正为

$$\Delta E^{(2)} = E^2 \sum_{\alpha' J' m'} \frac{|\langle \alpha J m | \hat{d}_E | \alpha' J' m' \rangle|^2}{E_{\alpha J} - E_{\alpha' J'}}$$

式中，d_E 表示沿电场方向的电偶极矩分量；E 为电场强度；$E_{\alpha J}$ 为所修正的能级在无外界电场时的能量；$E_{\alpha' J'}$ 为与之相互作用能级的能量。

以上微扰论的物理意义是：由于原子波函数有确定的宇称，电荷分布具有中心对称性，所以没有固有电偶极矩，在不考虑波函数修正下，与外加静电场相互作用能为零，即能量的一阶微扰修正为零。外加静电场会改变原子的电荷分布，破坏中心对称性，使原子在外加电场的作用下产生感生电偶极矩，感生电偶极矩与外加电场的相互作用能可用上式的能量二阶修正表示。一阶波函数修正下，感生电偶极矩与电场强度成正比，相互作用能正比于感生偶极矩与外加电场内积，所以能量修正与场强有平方的关系，对于高激发态的能级，由于电子云分布范围较广，离核较远，在外加静电场的作用下产生的感生电偶极矩较大，因此能级修正也将较大，这在数学上表示为下式：

$$|\langle \alpha J m | \hat{d}_E | \alpha' J' m' \rangle|^2 \sim e^2 \langle \hat{r}^2 \rangle$$

能级越高，所对应的$\langle r^2 \rangle$将越大。

对于以上能量的二阶微扰修正公式，我们还可以通过推导使其进一步简化，以利于计算，这需要利用 Wigner-Eckart 定理：

$$\langle \alpha J m | T_q^k | \alpha' J' m' \rangle = (-1)^{J-m} \langle \alpha J \| T^k \| \alpha' J' \rangle \begin{pmatrix} J & k & J' \\ -m & q & m' \end{pmatrix}$$

式中，T_q^k 为 k 秩不可约张量的第 q 个分量，$\langle \alpha J \| T^k \| \alpha' J' \rangle$为约化矩阵元。利用此定理，若取电场方向为 z 方向，则相应的矩阵元可表示为

$$\begin{aligned} \langle \alpha J m | \hat{d}_z | \alpha' J' m' \rangle &= \langle \alpha J m | \hat{d}_0 | \alpha' J' m' \rangle \\ &= (-1)^{J-m} \langle \alpha J \| \hat{d} \| \alpha' J' \rangle \begin{pmatrix} J & 1 & J' \\ -m & 0 & m' \end{pmatrix} \end{aligned}$$

通过 $3J$ 系数的公式，可以得到以下关系：

$$\langle \alpha J m | \hat{d}_z | \alpha' J' m' \rangle = \delta_{mm'} \langle \alpha J \| \hat{d} \| \alpha' J' \rangle \times \begin{cases} 0 & J' = J = 0 \text{ and others} \\ \dfrac{\sqrt{(J+1)^2 - m^2}}{\sqrt{(J+1)(2J+1)(2J+3)}} & J' = J+1 \\ \dfrac{m}{\sqrt{J(J+1)(2J+1)}} & J' = J \\ \dfrac{\sqrt{J^2 - m^2}}{\sqrt{J(2J+1)(2J-1)}} & J' = J-1 \end{cases}$$

对比上式和能量二阶微扰修正的表达式，可将能量二阶微扰修正用下面式子表示：

$$\Delta E_{\alpha J m}^{(2)} = E^2 (A_{\alpha J} + B_{\alpha J} m^2)$$

式中，$A_{\alpha J}$，$B_{\alpha J}$ 为不依赖磁量子数的系数，由此公式可以看出，Stark 效应是依据$|m|$值而分裂的。

为利于计算，定义标量极化率 α_0 和张量极化率 α_2，他们与前 $A_{\alpha J}$，$B_{\alpha J}$ 两个系数关系如下：

$$A_{\alpha J}=-\frac{\alpha_0}{2}+\frac{\alpha_2(J+1)}{2(2J-1)}$$

$$B_{\alpha J}=-\frac{3\alpha_2}{2J(2J-1)}$$

其中：

$$\alpha_0=-\frac{2}{3}\left(\frac{1}{2J+1}\right)\sum_{\alpha'J'm'}\langle\alpha J\|d\|\alpha'J'\rangle\delta_{mm'}$$

$$\frac{\alpha_2}{\alpha_0}=\begin{cases}\dfrac{2J-1}{J+1} & J'=J\\ -1 & J'=J-1\\ \dfrac{-J(2J-1)}{(J+1)(2J+3)} & J'=J+1\end{cases}$$

综合以上各式，能量二阶微扰修正可表示为

$$\Delta E_{\alpha Jm}^{(2)}=-\frac{E^2}{2}\left[\alpha_0+\alpha_2\frac{3m^2-J(J+1)}{J(2J-1)}\right]$$

并且由以下关系：

$$\frac{1}{(2J+1)}\sum_{m=-J}^{J}m^2=\frac{1}{3}J(J+1)$$

可以看出，能量二阶微扰修正的第二项对于所有磁子能级取平均为零，并且与磁量子数有关，所以该项代表了磁子能级之间的分裂，而第一项与磁子能级无关，它代表所有能级整体移动。

通过前面所得的能量二阶围绕修正，可以写出对应于该能量二阶修正的微扰算符如下：

$$\hat{H}'_E=-\frac{E^2}{2}\left[\alpha_0+\alpha_2\frac{3\hat{J}_z^2-\hat{J}^2}{J(2J-1)}\right]$$

此时电场方向是沿 z 方向的，所以其中可以看到式中为 $\hat{J}_z$ 算符。若是电场方向沿 x 方向，相当于把坐标系旋转 90°，我们也可以得到相应的微扰哈密顿量为

$$\hat{H}'=-\frac{E^2}{2}\left[\alpha_0+\alpha_2\frac{3\hat{J}_x^2-\hat{J}^2}{J(2J-1)}\right]$$

在外加静电场下，选定好相互作用的能级之后，我们可以计算得标量极化率 α_0 和张量极化率 α_2，并求得 Stark 分裂。

对于电场沿 z 方向和 x 方向两种情况，能级分裂是相同的，并且是按磁量子数的绝对值 $|m|$ 分裂。与每条能级线相对应的能量本征函数，当电场沿 z 方向时，为 $\hat{J}_z$ 的本征函数，当电场沿 x 方向时，则为 $\hat{J}_x$ 的本征函数。

上述情况成立的条件为电场强度不是很强，其产生的能级修正满足：

$$\Delta E^{(2)}\ll E_{\alpha J}-E_{\alpha'J'}$$

即满足微扰论成立的前提条件。在目前很多实验下，该条件都是满足的。

如果外加静电场很强，导致微扰论条件不成立时，此时外加静电场导致的能级分裂的量级与电子运动总角动量量子数 J 值决定的分裂量级相同。这种条件下 J 不能作为好量子数，可以将轨道角动量 L 视为好量子数而把造成不同 J 分裂的因素与电场作用一起视为微扰进行计算。此时对于零级波函数而言，不同 J 值能级简并，需要用简并微扰进行计算，仍可取 $|\alpha Jm\rangle$ 为基矢进行计算。

附录2 原子滤光器研究汇总表

这个附录尽可能多地搜集并整理了原子滤光器的理论、技术实现和应用方面公开报道的工作。以原子滤光器的类型和工作参数为核心，按照时间顺序一一列出了相关工作的类型(理论还是实验)，参数、应用方向并附上信息来源，如附表2-1所示。

1. Experimant/Theory：Ex-D（实验设计）；Ex-A（实验应用）；Th-D（理论设计）；Th-A（理论应用）；Rev(综述)。

2. 应用类型：

- LC：激光通信
- SBR：太阳背景噪声抑制
- SbM：水下
- L：激光雷达
- LT：激光雷达测温
- QKD：量子密钥分发
- LFS：激光稳频
- ESPI：电子散斑干涉
- BS：分束器
- RS：遥感
- Gas：气体组分
- Sp ：光谱
- Solar：对日观测
- SP：单光子
- C&Q：相干和量子光学应用
- ISO：光学隔离器
- QC：量子计数器

3. 类型：

- FADOF：基态 Faraday 型
- ES-FADOF：激发态 Faraday 型
- ARF：原子共振型
- V：Voigt 型
- IDEALF：光致双折射
- SADOF：电致双折射
- FB：反馈
- P（附加泵浦）；
- Z(附加 Zeeman 吸收)；
- FALF/FID：快速原子线滤波器/场电离检测器
- R：Raman 放大
- MFOF：分子 Faraday 型

4. 温度：γ（室温）

5. 缩写：N/A（Not Applicable 不适用）；NM（Not Mentioned 文中未提及）；VV(Various Value 多种参数)

6. 光功率：P-(脉冲光峰值功率)；γ-(理论文章 Rabi 频率)

附表 2-1 原子滤光器研究汇总表（1956—2017）

时间	元素	波长 /nm	跃迁线	带宽 /pm	带宽 /Hz	透射率 /%	类型	泵浦波长	泵浦功率	磁场 /G	温度 /℃	长度 /cm	单位	Th/Ex	应用	信息来源	文献标题	备注
1956	VV	NM	NM	NM	NM	NM	NM	NM	NM	NM	NM	NM	Stockholms Observatoriums[瑞典]	Ex-D	Solar	Stockholms Obs. Ann. 19(4), 9 - 11 (1956)	On some new auxiliary instruments in astrophysical research VI. A tentative monochromator for solar work based on the principle of selective magnetic rotation	FADOF 提出
1959	固态	NM	NM	NM	NM	NM	ARF	NM	NM	NM	NM	NM	Harvard University[美]	Ex-D	QC	Phys. Rev. Lett. 2(3), 84 (1959)	Solid State Infrared Quantum Counters	Bloembergen 提出红外量子计数器
1968	Na	NM	NM	NM	NM	NM	NM	NM	NM	NM	NM	NM	Osservatorio Astronomico di Roma[意]	Ex-D	Solar	Solar Physics 3, 618 (1968)	An Instrument to Measure Solar Magnetic Fields by an Atomic-Beam Method	（略）
1969	Na	589.0	$3S_{1/2}$-$3P_{1,3/2}$	NM	NM	NM	FADOF	N/A	N/A	500	220	25	IBM Watson Research Center/IBM Watson Laboratory[美]	Ex-A	LFS	Appl. Phys. Lett. 15(6), 179 (1969)	Frequency-Locking of Organic Dye Lasers to Atomic Resonance Lines	原子滤光器首次用于稳频
1975	Na	589.0	$3S_{1/2}$-$3P_{1,3/2}$	8	6.9G	25	VADOF	N/A	N/A	1 500～2 000	NM	NM	Osservatorio Astronomico di Roma[意]	Ex-A	Solar	Solar Physics 44, 509-518 (1975)	The magneto-optical filter I: Preliminary observations in Na D lines	（略）
1977	Na	589.0	$3S_{1/2}$-$3P_{1,3/2}$	NM	NM	NM	FADOF	N/A	N/A	2700	187|197	NM	Kyoto University[日]	Ex-A	LFS	IEEE J. Quantum Electron. QE-13(10), 866 (1977)	Frequency-Locking of a CW Dye Laser to the Center of the Sodium D Lines by a Faraday Filter	（略）

续表

时间	元素	波长/nm	跃迁线	带宽/pm	带宽/Hz	透射率/%	类型	泵浦波长	泵浦功率	磁场/G	温度/℃	长度/cm	单位	Th/Ex	应用	信息来源	文献标题	备注
1978	Na	589.0	$3S_{1/2}$-$3P_{1,3/2}$	NM	NM	NM	NM	NM	NM	NM	NM	NM	Osservatorio Astronomico di Roma[意]	Ex-A	Solar	Solar Physics 59，179-189 (1978)	The magneto-optical filter II: Velocity field measurements	提出了一种级联型的太阳速度场测量方法
1978	Ne	VV	VV	NM	NM	NM	FADOF	N/A	N/A	VV	N/A	NM	Kyoto University [日]	Ex-A	LFS	IEEE J. Quantum Electron. QE-14(12)，977 (1978)	Frequency-Locking of a CW Dye Laser to Absorption Lines of Neon by a Faraday Filter	放电管
1978	Na	1.48μm 2.34μm 3.42μm	VV	N/A	N/A	30 10 7	ARF	330 nm	p-700 W/cm², 1 μs	N/A	125	1	The Aerospace Corporation[美]	Ex-A	QC	IEEE J. Quantum Electron. 14 (2)，77 (1978)	Infrared detection by an atomic vapor quantum counter	红外量子计数器实现
1979	K/Rb/Cs	N/A	N/A	N/A	N/A	N/A	N/A	N/A	N/A	N/A	N/A	N/A	Lawrence Livermore Laboratory [美]	Ex-D	SbM/…	J. Appl. Phys. 50 (2)，610 (1979).	Optical Filtering Characteristic of Potassium Faraday Optical Filter	ARF 提出
1979	K, Rb, Cs	420-532	9	VV	VV	VV	ARF	VV	VV	NA	VV	NA	University of California [美]	Ex-D	LC	J. Appl. Phys. 50(2)，610(1979)	An ultrahighQ isotropically sensitive optical filter employing atomic resonance transitions	（略）
1982	Cs	459.0	$6S_{1/2}$-$7P_{1/2}$	N/A	N/A	N/A	FADOF	N/A	N/A	N/A	N/A	N/A	Rockwell International Science Center[美]	Th-D	NM	Appl. Opt. 21 (11)，2069(1982)	Dispersive magnetooptic filters	FADOF 理论基础
1983	Cs	455.5	$6s_{1/2}$-$7P_{3/2}$	N/A	N/A	N/A	N/A	N/A	N/A	N/A	N/A	N/A	Avco Everett Research Laboratory[美]	N/A	N/A	J. Appl. Phys. 54(10)，6036 (1983)	The spectral characteristics of an atomic cesium resonance filter	（略）
1988	N/A	N/A	N/A	N/A	N/A	N/A	ARF	N/A	N/A	N/A	N/A	N/A	The Aerospace Corporation[美]	Th-D	SBR	IEEE J. Quantum Electron. 24 (7)，1266 (1988)	Atomic Resonance Filters	ARF 原理设计

续表

时间	元素	波长/nm	跃迁线	带宽/pm	带宽/Hz	透射率/%	类型	泵浦波长	泵浦功率	磁场/G	温度/℃	长度/cm	单位	Th/Ex	应用	信息来源	文献标题	备注
1988	Rb	572.6	5P-7D	1.29	1.18G	NM	ARF	780 nm	8 mW	N/A	150	10	Utah State University/Los Alamos National Laboratory[美]	Ex-D	NM	IEEE J. Quantum Electron. 24 (5), 709 (1988)	Experimental demonstration of a diode laser-excited optical filter in atomic Rb vapor	（略）
1988	Rb	532.4	5P-10S	NM	NM	NM	ARF	795 nm	NM	NM	NM	NM	Los Alamos National Laboratory/Utah State University[美]	Th-D	NM	Opt. Lett. 13 (6), 443 (1988)	Ultrahigh-resolution, wide-field-of-view optical filter for the detection of frequency-doubled Nd: YAG radiation	ARF的理论计算模型
1989	Mg	518.0	3^3P_2-4^3S_1	NM	NM	η=50%	ARF	457 nm/1.5 μm	26/74 mW	N/A	430	NM	The Aerospace Corporation[美]	Ex-D	SBR	Opt. Lett. 14 (14)722 (1989)	Experimental demonstration of internal wavelength conversion inthe magnesium atomic filter	（略）
1989	Mg	518.4	3^3P_2-4^3S_1	VV	VV	NA	ARF	NA	NA	NA	VV	NA	The Aerospace Corporation[美]	Th-D	LC	Opt. Lett. 14 (4), 211 (1989).	Solar background rejection by a pressure-broadened atomic resonance filter operating at a Fraunhofer wavelength	（略）
1989	Cs	852.0	$6S_{1/2}$-$6P_{3/2}$	N/A	N/A	NA	ARF	794 nm	0.58 W/cm²	NA	100	NA	Thermo Electron Technologies Corporation[美]	Ex-D	LC	SPIE 1059, 111 (1989).	Imaging Atomic Line Filter For Satellite Tracking	用于成像
1990	Ca	422.7	4^1S_0-4^1P_1	50	80G	η=30%	ARF	672 nm	"Low"	N/A	300	15	The Aerospace Corporation[美]	Th-D	SBR	Opt. Lett. 15 (4), 236 (1990)	422.7-nm atomic filter with superior solar background rejection	（略）

续表

时间	元素	波长/nm	跃迁线	带宽/pm	带宽/Hz	透射率/%	类型	泵浦波长	泵浦功率	磁场/G	温度/℃	长度/cm	单位	Th/Ex	应用	信息来源	文献标题	备注
1990	Ca	534.9	3^1D_0-4^1F_1	NM	NM	η=65%	ARF	457.5 nm	0.1 mW/cm^2	N/A	300	30	The Aerospace Corporation[美]	Th-D	SBR	Opt. Lett. 15 (20) 1165 (1990)	Proposed Fraunhofer-wavelength atomic filter at 534.9 nm	（略）
1990	Ca	422.7	4^1S_0-4^1P_1	NM	NM	NM	FADOF	N/A	N/A	NM	NM	NM	New Mexico State University[美]	Th-D	LC	IEEE LEOS '90. p209	Theoretical Model for a Faraday Anomalous Dispersion Optical	（略）
1990	N/A	N/A	N/A	N/A	N/A	N/A	ARF	N/A	N/A	N/A	N/A	N/A	The Aerospace Corporation[美]	Th-D	SBR	IEEE J. Quantum Electron. 26 (6), 1440 (1990)	Active wavelength-shifting in atomic resonance filters	（略）
1990	Rb	780.0	$5S_{1/2}$-$5P_{3/2}$	NM	NM	40	FADOF	N/A	N/A	NM	NM	NM	Shay-Blythe International[美]	Ex-D	LC	IEEE LEOS'90. P207	Demonstration of a Faraday Anomalous Dispersion Optical Demonstration of a Faraday Anomalous Dispersion Optical Filter with an Optical Noise Rejection of 10^5 and 40% Transmission	（略）
1990	Rb	780.0	$5S_{1/2}$-$5P_{3/2}$	NM	NM	η=25%	FALF/FID	480 nm	p-17 MW/cm^2	N/A	105	7×7×7	Thermo Electron Technologies Corporation[美]	Ex-D	NM	Opt. Lett. 15 (5), 294 (1990)	Fast atomic line filter field ionization detector	快速响应探测，速度>5 ns
1991	Ca	422.7	4^1S_0-4^1P_1	NM	NM	η=25%	ARF	N/A	N/A	N/A	300-350	15	The Aerospace Corporation[美]	Ex-D	SBR	Opt. Lett. 16 (5) 336 (1991)	Passive Fraunhofer-wavelength atomic filter at 422.7 nm	加入了 Xe(25% @650Torr)
1991	Cs	459.0	NM	NM	NM	NM	ARF	NM	NM	NM	NM	NM	北京大学	Ex-D	LC	激光与红外 22 (4), 56 (1991)	铯原子共振滤光器特性的实验研究	（略）

续表

时间	元素	波长/nm	跃迁线	带宽/pm	带宽/Hz	透射率/%	类型	泵浦波长	泵浦功率	磁场/G	温度/℃	长度/cm	单位	Th/Ex	应用	信息来源	文献标题	备注
1991	Cs	852.0	$6S_{1/2}$-$6P_{3/2}$	1.65	0.6	98	FADOF	N/A	N/A	100	85	2.54	New Mexico State University[美]	Th-D	NM	Opt. Lett. 16 (20), 1617 (1991).	Theoretical model for a Faraday anomalous dispersion optical filter	(略)
1991	Cs	455.0	$6S_{1/2}$-$7P_{3/2}$	0.48	0.7G	82	FADOF	N/A	N/A	200	140	NM	Thermo Electron Technologies Corporation[美]	Ex-D	SbM	Blue-Green Technology Ⅱ, Proceedings of the International Conference on Lasers '91	Ultra-narrow linefiltering using a Cs Faraday filter at 455 nm	(略)
1991	Cs	852.0	$6S_{1/2}$-$6P_{3/2}$	1.45	0.6G	48	FADOF	N/A	N/A	200	120	2.5	Thermo Electron Technologies Corporation[美]	Ex-D	LC	Opt. Lett. 16 (11), 846 (1991).	Ultranarrow line filtering using a Cs Faraday filter at 852 nm	(略)
1991	Rb	780.0	$5S_{1/2}$-$5P_{3/2}$	2	1G	63	FADOF	N/A	N/A	47	100	7.62	New Mexico State University[美]	Ex-D	LC /L	Opt. Lett. 16 (11), 867 (1991).	Ultrahigh-noise rejection optical filter	(略)
1991	TI	535.0	$6^2P_{3/2}$-$7^2S_{1/2}$	NM	NM	$\eta=50\%$	ARF	377.572 nm	lamp-100 $\mu W/cm^2$	N/A	440	5	Technische Universitaet Wien[奥地利]	Ex-D	NM	Opt. Lett. 16 (20), 1620 (1991)	Lamp-pumped thallium atomic line filter at 535.046 nm	(略)
1992	Ca	422.7	4^1S_0-4^1P_2	NM	NM	$\eta=50\%$	ARF	430 nm	max-8 mW	N/A	500	7.6	Lincoln Laboratory/Massachusetts Institute of Technology[美]	Ex-D	SBR/SbM	Opt. Lett. 17 (22), 1632 (1992)	Fast efficient Ca atomic resonance filter at 423 nm	加入了600 Torr Xe，两个波长输出
1992	Cs	455.0	$6S_{1/2}$-$7P_{3/2}$	NM	NM	NM	ARF	N/A	N/A	N/A	150	5	哈尔滨工业大学	Ex-D	LC	中国激光 19 (9), 690 (1992)	氩缓冲气体对铯原子共振滤光器特性的影响	(略)

续表

时间	元素	波长/nm	跃迁线	带宽/pm	带宽/Hz	透射率/%	类型	泵浦波长	泵浦功率	磁场/G	温度/℃	长度/cm	单位	Th/Ex	应用	信息来源	文献标题	备注
1992	Cs	455/459	$6S_{1/2}$-$7P_{3/2\|1/2}$	NM	NM	NM	ARF	N/A	N/A	N/A	NM	NM	哈尔滨工业大学	Ex-D	NM	SPIE 1979，783 (1992)	Filtering characteristics of cesium atomic resonance filter	Ar 和 N_2 作缓冲气体
1992	Cs	455.5	$6S_{1/2}$-$7P_{3/2}$	0.6	0.9G	96	FADOF	N/A	N/A	60	160	2.54	New Mexico State University[美]	Th-D	NM	IEEE Photon. Tech. Lett. 4 (5)，488 (1992)	Faraday Anomalous Dispersion Optical Filterfor the Cs 455 nm Transition	（略）
1992	Cs	455.5	$6S_{1/2}$-$7P_{3/2}$	0.7	1G	～100	FADOF/V	N/A	N/A	～200	160～200	NM	Thermo Electron Technologies Corporation[美]	Ex-D	LC	Opt. Lett. 17 (19)，1388 (1992)	Blue cesium Faraday and Voigt magneto-optic atomic line filters	（略）
1992	K	N/A	N/A	N/A	N/A	N/A	N/A	N/A	N/A	N/A	N/A	N/A	New Mexico State University[美]	Th-D	NM	SPIE 1635，128 (1992)	A potassium Faraday anomalous dispersion optical filter	769@$4P_{1/2}$ 766@$4P_{3/2}$ 405@$5P_{1/2}$ 404@$5P_{3/2}$
1992	Rb	421.0	$5S_{1/2}$-$5P_{3/2}$	1.6	0.7G	NM	ARF	780.0	7	N/A	100	NM	北京大学	Ex-D	LC	量子电子学 1 (1992) 1,16 (1992)	激光二极管泵浦的 Rb 原子共振滤光器	（略）
1992	Rb	780.0	$5S_{1/2}$-$5P_{3/2}$	2	1G	80	FADOF	N/A	N/A	NM	NM	NM	New Mexico State University[美]	Ex-A	ESPI	SPIE 1821，266 (1992)	Incorporation of a FADOF to an ESPI system	（略）
1992	Rb	780.0	$5S_{1/2}$-$5P_{3/2}$	～2	～1G	72	FADOF	N/A	N/A	47	NM	NM	New Mexico State University[美]	Ex-A	LFS	IEEE Photon. Tech. Lett. 4 (1) 94 (1992)	Diode-Laser Frequency Stabilization Based on the Resonant Faraday Effect	（略）
1992	Rb	780.0	$5S_{1/2}$-$5P_{3/2}$	2	1G	72	FADOF	N/A	N/A	50	NM	NM	New Mexico State University[美]	Th-A	LFS	SPIE 1634，576 (1992)	Theoretical model for frequency locking a diode laser with a Faraday cell	（略）

续表

时间	元素	波长/nm	跃迁线	带宽/pm	带宽/Hz	透射率/%	类型	泵浦波长	泵浦功率	磁场/G	温度/℃	长度/cm	单位	Th/Ex	应用	信息来源	文献标题	备注
1992	Rb	NM	NM	NM	NM	NM	FADOF	N/A	N/A	0.8	50	10	The University of Texas at Austin[美]	Ex-A	LFS	Appl. Phys. Lett. 60(13), 1544 (1992)	Narrow-linewidth frequency stabilized AIxGa1-x/GaAs laser	(略)
1992	Rb	780.0	$5S_{1/2}$-$5P_{3/2}$	1	0.6G	25	FADOF	N/A	N/A	290	120	5	北京大学	Ex-D	LC	光学学报 12(9), 841 (1992)	一种新型原子共振滤光器研究	(略)
1992	Rb	780.0	$5S_{1/2}$-$5P_{3/2}$	1.8	1G	80	FADOF	N/A	N/A	200	145	NM	北京大学	Rev	LC	量子电子学 69 (1992)	法拉第反常色散原子共振滤光器	摘要集
1992	Rb	780.0	$5S_{1/2}$-$5P_{3/2}$	NM	NM	NM	FADOF	N/A	N/A	70	129	NM	北京大学	Ex-A	LFS	SPIE 1979, 380 (1992)	Frequency—tracking and locking of diode Laser using transmission spectrum of a Faraday anomalous dispersion optical filter	(略)
1992	Sr	460.7	5^1S_0-5^1P_1	4	6G	$\eta=45\%$	ARF	N/A	N/A	N/A	455	7.6	The Aerospace Corporation[美]	Ex-D	SBR	IEEE J. Quantum Electron. 28 (11), 2577 (1992)	Passive Fraunhofer-wavelength atomic filter at 460.7 nm	缓冲气体 He, Ne, Ar (45%@600Torr), Kr, Xe
1993	Ca	422.7	4^1S_0-4^1P_1	1	1.5G	55	FADOF	N/A	N/A	460	480	6	The Aerospace Corporation[美]	Ex-D	SBR	IEEE J. Quantum Electron. 29 (8), 2379 (1993)	A Fraunhofer-wavelength magnetooptic atomic filter at 422.7 nm	(略)
1993	Cs	852.0	$6S_{1/2}$-$6P_{3/2}$	<2.4	<1G	NM	FADOF	N/A	N/A	14	80	5	Thermo Trex Corporation[美]	Ex-A	LFS	Opt. Commun. 96, 240 (1993)	Optical feedback locking of a diode laser using a cesium Faraday filter	(略)

续表

时间	元素	波长/nm	跃迁线	带宽/pm	带宽/Hz	透射率/%	类型	泵浦波长	泵浦功率	磁场/G	温度/℃	长度/cm	单位	Th/Ex	应用	信息来源	文献标题	备注
1993	Cs	852.0	$6S_{1/2}$-$6P_{3/2}$	1.45	0.6G	48	FADOF	N/A	N/A	200	120	2.5	ThermoTrex Corporation[美]	Th-A	LC	SPIE 1866，116 (1993)	Status of SDIO IS&T lasercom testbed program	（略）
1993	Na	589.0	$3S_{1/2}$-$3P_{3/2}$	2.2	1.9G	85	FADOF	N/A	N/A	1760	189	0.76	Colorado State University/Thermo Trex Corporation[美]	Ex-D	SBR/LT	Opt. Lett. 18 (12)，1019 (1993)	Sodium-vapor dispersive Faraday filter	（略）
1993	Na	589.0	$3S_{1/2}$-$3P_{3/2}$	NM	NM	NM	FALF/FID	420 nm	NM	N/A	NM	NM	中科院武汉物数所	Ex-D	LC	中国激光 20 (8)，581 (1993)	钠黄光场电离原子滤光器方案的实验研究	电离滤光器
1993	Rb	780.0	$5S_{1/2}$-$5P_{3/2}$	14.7	8.4G	75	FADOF	N/A	N/A	6600	80	5	北京大学	Ex-D	LC	光学学报 13(5)，419 (1993)	强磁场中 Rb D2 线法拉第反常色散滤光器特性研究	（略）
1993	Rb	780.0	$5S_{1/2}$-$5P_{3/2}$	0.6	0.3G	51	FADOF	N/A	N/A	70	129	NM	北京大学/河南师范大学	Ex-A	LFS	光学学报 13 (10)，893 (1993)	实现半导体激光器频率跟踪和锁定的新方法	（略）
1993	Rb	780.0	$5S_{1/2}$-$5P_{3/2}$	20	10G	NM	FADOF	N/A	N/A	1770	～100	12	中科院武汉物理所/北京大学	Ex-D	LC	Opt. Commun. 101，175 (1993)	Rb 780 nm FADOF in strong magnetic field	（略）

续表

时间	元素	波长/nm	跃迁线	带宽/pm	带宽/Hz	透射率/%	类型	泵浦波长	泵浦功率	磁场/G	温度/℃	长度/cm	单位	Th/Ex	应用	信息来源	文献标题	备注
1993	K	770.0	$4S_{1/2}$-$4P_{1/2}$	NM	NM	NM	FADOF	NA	NA	NM	NM	NM	ThermoTrex Corporation [美]	Ex-A	L	Opt. Lett. 18 (3)，244-246 (1993).	Helicopter plume detection by using an ultranarrow-band noncoherentlaser Doppler velocimeter	（略）
1994	Cs	459.0	$6S_{1/2}$-$7P_{1/2}$	NM	NM	0.1-100	FADOF	N/A	N/A	50～3000	50-170	3	中科院武汉物理所/北京大学	Th-D	LC	光谱学与光谱分析 14(1)，21 (1994)	Cs 原子 459 nmFADOF 特性分析	（略）
1994	Rb	780.0	$5S_{1/2}$-$5P_{3/2}$	2	1G	40	FADOF +Z	N/A	N/A	35	106	NM	北京大学	Ex-D	LC	Opt. Engi. 33 (11)，3758 (1994)	Experimental study of a novel free-space optical communication system	（略）
1994	Rb	523.5	$5P_{3/2}$-$11S_{1/2}$	1.5	1.6G	86	SADOF	780 nm	900 mW	1 200	250	NM	New Mexico State University[美]	Th-D	NM	SPIE 2123，455 (1994)	Stark anomalous dispersion optical filter for doubled lasers	调谐范围 800GHz@ 50kV/cm 静电场
1994	Rb	532.2	$5P_{3/2}$-$10S_{1/2}$	1.6	1.7G	86	SADOF	795 nm	200 mW	700	190	10	New Mexico State University[美]	Th-D	NM	TDA Progress Report 42-118 (1994)	The Stark Anomalous Dispersion Optical Filter: the theory	调谐范围 250GHz@ 40kV/cm 静电场
1995	Ca	422.7	4^1S_0-4^1P_2	NM	NM	～100	FADOF	N/A	N/A	200-1000	450	15	河南师范大学	Th-D	SBR	光学学报 15 (8)，1140 (1995)	422.7 nm 法拉第反常色散滤光特性	（略）
1995	Cs	455.0	$6S_{1/2}$-$7P_{3/2}$	NM	NM	47	FADOF	N/A	N/A	380	110	5	中科院武汉物数所	Ex-D	LC	光学学报 15 (8)，1042(1995)	脉冲光下 Cs 455 nm 法拉第反常色散谱研究	（略）
1995	K	532.3	$4P_{1/2}$-$8S_{1/2}$	<10	10G	3.5	ES-FADOF	769.9 nm	p-84 kW/cm^2	100	200-230	7.5	Naval Air Warfare Center，AMPAC Inc.[美]	Ex-D	NM	Opt. Lett. 20 (1)，106 (1995)	Experimental demonstration of an excited-state Faraday filter operating at 532 nm	ES-FADOF 提出

续表

时间	元素	波长/nm	跃迁线	带宽/pm	带宽/Hz	透射率/%	类型	泵浦波长	泵浦功率	磁场/G	温度/℃	长度/cm	单位	Th/Ex	应用	信息来源	文献标题	备注
1995	K	532.3	$4P_{1/2}$-$8S_{1/2}$	3.8	4G	40	IDEALF	769.9 nm	p-0.8 MW/cm^2	N/A	200-230	7.5	Stevens Institute of Technology/Naval Air Warfare Center/Drexel University/AMPAC, Inc.[美]	Ex-D	NM	Opt. Lett. 20 (12), 1427 (1995)	Induced-dichroism-excited atomic line filter at 532 nm	IDEALF 提出
1995	N/A	N/A	N/A	N/A	N/A	N/A	N/A	N/A	N/A	N/A	N/A	N/A	中科院武汉物数所	Rev	N/A	物理 24(6), 335 (1995)	新型原子滤光器	(略)
1995	Rb	780.0	$5S_{1/2}$-$5P_{3/2}$	~2	~1G	30	FADOF	N/A	N/A	114|276	80|70	4.7|5.1	北京大学	Ex-A	LC	Appl. Opt. 34 (15), 2619 (1995)	Experimental study of a model digital space optical communication system with new quantum devices	FADOF 级联
1995	Rb	780.0	$5S_{1/2}$-$5P_{3/2}$	7	3.5G	43.5	FADOF	N/A	N/A	288	95	5	北京大学	Ex-D	LC	电子学报 23 (5), 45(1995)	铷原子法拉第共振滤光特性研究	(略)
1995	Rb	780.0	$5S_{1/2}$-$5P_{3/2}$	NM	NM	50	FADOF	N/A	N/A	300	495	5	北京大学	Ex-D	LC	河南师范大学学报 23(1),27 (1995)	同位素铷原子的超精细法拉第共振效应研究	(略)
1996	Cs	459.0	$6S_{1/2}$-$7P_{1/2}$	NM	NM	~100	FADOF	N/A	N/A	NM	100	NM	河南师范大学	Th-D	SbM	量子光学学报 2 (3), 158 (1996)	459 nm 可调谐法拉第反常色散滤光特性	(略)
1996	Cs	455/459	$6s_{1/2}$-$7P_{3/2\|1/2}$	NM	NM	NM	SADOF	N/A	N/A	170	140	4.3	哈尔滨工业大学	Ex-D	LC	中国激光 23 (10), 959 (1996)	一种新型可调谐 Stark 反常色散光学滤波器	(略)

续表

时间	元素	波长/nm	跃迁线	带宽/pm	带宽/Hz	透射率/%	类型	泵浦波长	泵浦功率	磁场/G	温度/℃	长度/cm	单位	Th/Ex	应用	信息来源	文献标题	备注
1996	K	769.9	$4S_{1/2}$-$4P_{1/2}$	N/A	N/A	75	FADOF	N/A	N/A	100	200	7.5	Naval Air Warfare Center/AMPAC, Inc. /Naval Air Warfare Center[美]	Th/Ex-D	NM	J. Opt. Soc. Am. B 13(9), 1849 (1996)	Theory and experiment for the anomalous Faraday effect in potassium	（略）
1996	Na	589.2	$3S_{1/2}$-$3P_{3/2}$	NM	NM	NM	FADOF	N/A	N/A	1800	168	2.54	Colorado State University[美]	Ex-A	LT	Opt. Lett. 21 (15), 1093 (1996)	Daytime mesopause temperature measurements with a sodium-vapor dispersive Faraday filter in a lidar receiver	（略）
1996	NM	NM	NM	NM	NM	NM	NM	NM	NM	NM	NM	NM	北京大学	Ex-D	LC	量子光学学报 2 (3), 182(1996)	一种有重要应用前景的原子滤光器	摘要集
1996	Rb	775.9	$5P_{3/2}$-$5D_{3/2}$	1.6	0.8G	0.05%	ES-FADOF	780	7 mW	240	165	5	北京大学	Ex-D	LC	Opt. Commun. 127, 210 (1996)	Excited state Faraday anomalous dispersion spectrum of Rubidium	（略）
1996	Rb	775.9	$5P_{3/2}$-$5D_{3/2}$	7	3.5G	43.5	FADOF	780	NM	NM	NM	NM	北京大学	Ex-D	LC	量子光学学报 2 (3), 186 (1996)	铷主动式法拉第反常色散滤光器实验研究	摘要
1996	Rb	780.0	$5S_{1/2}$-$5P_{3/2}$	1.8	1G	50	FADOF	N/A	N/A	120	160	NM	北京大学	Ex-A	LC	电子学报 24 (1), 58(1996)	新型两路空间光通信系统研究	（略）

续表

时间	元素	波长 /nm	跃迁线	带宽 /pm	带宽 /Hz	透射率 /%	类型	泵浦 波长	泵浦 功率	磁场 /G	温度 /℃	长度 /cm	单位	Th/Ex	应用	信息来源	文献标题	备注
1996	Rb	780.0	$5S_{1/2}$-$5P_{3/2}$	1.8	1G	29.4	FADOF	N/A	N/A	114/288	353/353	5.1/4.7	北京大学	Th-D	LC	电子学报 24(6)，38(1996)	级联法拉第反常色散滤光器研究	级联
1996	Rb	780.0	$5S_{1/2}$-$5P_{3/2}$	4	2G	98	FADOF+Z	N/A	N/A	200	100	5	河南师范大学/平原大学	Th-D	NM	SPIE 2889，159 (1996)	Theoretical model of riarroi bandwidth Faraday-Zeen optical fi iter at 780 nm	（略）
1997	Rb	780.0	$5S_{1/2}$-$5P_{3/2}$	NM	NM	~100	FADOF+Z	NM	NM	NM	NM	NM	平原大学	Th-D	SBR	河南师范大学学报 25(4),102 (1997)	780 nm超窄通频带法拉第——塞曼光学滤光器的研究	（略）
1997	K	532.3	$4P_{1/2}$-$8S_{1/2}$	3.8	4G	50	FADOF	769.9 nm	5 mW/cm^2	400	180	10	河南师范大学	Th-D	NM	J. Phys. B 30，5123 (1997)	Transmission characteristics of an excited state Faraday optical filter at 532 nm	（略）
1997	K	532.3	$4P_{1/2}$-$8S_{1/2}$	N/A	N/A	N/A	N/A	N/A	N/A	N/A	N/A	N/A	Drexel University[美]	Ex-D	LC	Opt. Lett. 22 (6)，414 (1997)	Temporal characteristics of narrow-band optical filters and their application in lidar systems	比较FADOF和IDEALF的时间响应
1997	Na	589.0	$3S_{1/2}$-$3P_{3/2}$	NM	NM	~100	FADOF	N/A	N/A	100-500	140-240	15	平原大学	Th-D	SBR	洛阳大学学报 12(2),37 (1997)	589 nm可调谐法拉第反常色散滤光器特性分析	（略）
1997	Rb	775.9	$5P_{3/2}$-$5D_{3/2}$	NM	NM	NM	FADOF	N/A	N/A	NM	NM	NM	北京大学	Ex-D	LC	量子电子学报 14(6)，565(1997)	主动式原子滤光器工作机理的理论和实验研究	（略）

续表

时间	元素	波长/nm	跃迁线	带宽/pm	带宽/Hz	透射率/%	类型	泵浦波长	泵浦功率	磁场/G	温度/℃	长度/cm	单位	Th/Ex	应用	信息来源	文献标题	备注
1997	Rb	780.0	$5S_{1/2}$-$5P_{3/2}$	NM	NM	NM	FADOF	N/A	N/A	750	90	NM	北京大学	Ex-A	LC	光学学报 17 (10), 1362-1367 (1997)	采用原子滤光器的新型激光信标方案研究	（略）
1997	Rb	NM	NM	NM	NM	NM	FADOF	N/A	N/A	400-500	130	NM	北京大学	Ex-A	LC	电子学报 25(2), 79-82(1997)	采用 Rb-Faraday 反常色散滤波器的外腔半导体激光器实验研究	（略）
1998	Cs	894.0	$6S_{1/2}$-$6P_{1/2}$	5	2G	13	FADOF-P	852 nm	<100 mW	230	44	NM	中科院武汉物数所	Th-D	LC	Appl. Phys. Lett. 73(15), 2069 (1998)	A laser pumped ultranarrow bandwidth optical filter	（略）
1998	Na	589.0	$3S_{1/2}$-$3P_{3/2}$	2.3	2G	81	FADOF	N/A	N/A	1780G	158	4	中科院武汉物数所	Ex-D	SBR	Opt. Commun. 156, 289 (1998)	Temperature properties of Na dispersive Faraday optical filter at D1 and D2 line	（略）
1998	NM	NM	NM	NM	NM	NM	NM	NM	NM	NM	NM	NM	北京大学	Ex-A	LC	量子电子学报 15(6), 588(1998)	利用原子滤光器多峰特性的卫星光链路接收新方案探讨	（略）
1998	NM	NM	NM	NM	1G	>38	V	N/A	N/A	460	>130	NM	北京大学	Ex-D	NM	量子电子学报 15(6), 628 (1996)	Voigt 型反常色散原子滤光器的研究	（略）
1998	Rb	775.9,7	$5P_{3/2}$-$5D_{3,5/2}$	~2	~1G	10¦40	ES-FADOF	780 nm	34 mW	377	170@ ϕ2 mm	5	北京大学	Ex-D	LC	Opt. Commun. 152, 275 (1998)	Experimental study on optimization of the working conditions of excited state Faraday filter	（略）
1998	Rb	N/A	N/A	N/A	N/A	N/A	FADOF	N/A	N/A	130	130	2.5	河南师范大学/北京大学	Ex-A	NM	原子与分子物理学报 1998(7), 223 (1998)	Rb 原子气体对白光的反常色散实验研究	钨灯谱

续表

时间	元素	波长/nm	跃迁线	带宽/pm	带宽/Hz	透射率/%	类型	泵浦波长	泵浦功率	磁场/G	温度/℃	长度/cm	单位	Th/Ex	应用	信息来源	文献标题	备注
1998	Rb	780.0	$5S_{1/2}$-$5P_{3/2}$	NM	NM	~100	FADOF+FB	N/A	N/A	300	50	2	平原大学	Th-D	SBR	洛阳工学院学报 19(2), 91(1998)	780 nm 反常色散滤光器传输特性的分析	(略)
1998	Rb	775.9	$5P_{3/2}$-$5D_{3/2}$	NM	NM	NM	SADOF	N/A	N/A	NM	NM	NM	北京大学	Ex-D	LC	量子电子学报 15(6), 597(1998)	斯塔克型反常色散滤光器研究的初步进展	(略)
1999	Cs	455.0	$6S_{1/2}$-$7P_{3/2}$	NM	NM	40	FADOF	N/A	N/A	650	160	2.54	中科院武汉物数所	Ex-D	LC	光谱学与光谱分析 19(3), 268(1999)	脉冲光信号的 Cs 原子 455 nm 两级法拉第反常色散滤光器特性实验研究	级联
1999	Cs	455/459	$6s_{1/2}$-$7P_{3/2\|1/2}$	NM	NM	NM	FALF/FID	532 nm/1.6 μm	N/A	NM	NM	NM	华中理工大学/中科院武汉物数所	Ex-A	NM	激光技术 23(6), 372 (1999)	电离检测的铯原子滤光器	(略)
1999	K	766.7	$4S_{1/2}$-$4P_{3/2}$	1.7	0.86G	94.1	FADOF	N/A	N/A	NM	NM	NM	哈尔滨工业大学	Th-D	NM	SPIE 3749, 745 (1999)	Near Infrared Faraday Dispersion Optical Filter	(略)
1999	N/A	N/A	N/A	N/A	N/A	N/A	N/A	N/A	N/A	N/A	N/A	N/A	哈尔滨工业大学	Rev	N/A	激光技术 23(5), 257 (1999)	超窄带光学滤波器	(略)
1999	N/A	N/A	N/A	N/A	N/A	N/A	N/A	N/A	N/A	N/A	N/A	N/A	河南师范大学	Rev	N/A	河南师范大学学报 27(2), 102(1999)	超窄带可调谐法拉第反常色散原子滤光器	(略)
1999	Na	589.0	$3S_{1/2}$-$3P_{3/2}$	2	1.72G	85	FADOF	N/A	N/A	1750	462	1	哈尔滨工业大学	Th-D	LC	光电子.激光 10(4), 310(1999)	钠色散光学滤波器的理论分析	(略)

续表

时间	元素	波长/nm	跃迁线	带宽/pm	带宽/Hz	透射率/%	类型	泵浦波长	泵浦功率	磁场/G	温度/℃	长度/cm	单位	Th/Ex	应用	信息来源	文献标题	备注
1999	Na	589.0	$3S_{1/2}$-$3P_{3/2}$	2	1.72G	85	FADOF	N/A	N/A	1750	462	1	哈尔滨工业大学	Th-D	LC	哈尔滨工业大学学报 31(5)，18(1999)	钠 Faraday 反常色散光学滤波器的数值计算	（略）
1999	Na	589.0	$3S_{1/2}$-$3P_{3/2}$	1.7	1.5G	40	FADOF	N/A	N/A	316	180	3	哈尔滨工业大学	Ex-D	NM	SPIE 3714，180(1999)	Experimental demonstration of Na-FADOF at 589.0 nm	（略）
1999	Rb	775.9	$5P_{3/2}$-$5D_{3/2}$	2.63	1.3G	16	ES-FADOF	780	18	315	170	5	北京大学	Th-D	LC	光学学报 19(7)，988 (1999)	法拉第反常色散滤光器透射谱的普遍计算方法	（略）
1999	Rb	780.0	$5S_{1/2}$-$5P_{3/2}$	7	3.5G	62	FADOF	N/A	N/A	200	90	5	北京大学	Ex-A	LC	电子学报 27(8)，56(1999)	卫星光通信链路新型宽视场角捕捉方案探讨	（略）
1999	Rb	780.0	$5S_{1/2}$-$5P_{3/2}$	NM	NM	NM	NM	NM	NM	40-489	90-125	NM	北京大学	Th-A	LC	量子电子学报(6)，555(1999)	原子滤光器可调谐特性在卫星光链路捕捉系统中应用探讨	磁场调谐能力
1999	Rb	775.9	$5P_{3/2}$-$5D_{3/2}$	NM	NM	NM	SADOF	780	12	NM	165	NM	北京大学	Ex-D	LC	北京大学学报 35(5)，693(1999)	新型铷原子滤光器斯塔克频移研究	（略）
2000	Cs	852.0	$6S_{1/2}$-$6P_{3/2}$	4.8	2G	NM	FADOF	N/A	N/A	883	78	2	中科院武汉物数所	Ex-D	NM	SPIE 4223，122(2000)	Theoretical and experimental study of Cs 852 nm FADOF	（略）
2000	K	766.7	$4S_{1/2}$-$4P_{3/2}$	3.2	1.6G	71	FADOF	N/A	N/A	815	134	10	哈尔滨工业大学	Ex-D	NM	SPIE 4223，118(2000)	Potassium Faraday optical filter in line-center operation at 766 nm	（略）

续表

时间	元素	波长/nm	跃迁线	带宽/pm	带宽/Hz	透射率/%	类型	泵浦波长	泵浦功率	磁场/G	温度/℃	长度/cm	单位	Th/Ex	应用	信息来源	文献标题	备注
2000	N/A	N/A	N/A	N/A	N/A	N/A	N/A	N/A	N/A	N/A	N/A	N/A	哈尔滨工业大学	Rev	LC	激光技术 24(5)，318(2000)	原子共振滤波器研究的发展	（略）
2000	Rb	780.0	$5S_{1/2}$-$5P_{3/2}$	NM	NM	32	FADOF+V	N/A	N/A	150	100	5	北京大学	Th-D	LC	电子学报 28(12)，38(2000)	反常色散原子滤光器斜入射机理及特性研究	斜入射
2001	K	532.3	$4P_{1/2}$-$8S_{1/2}$	3	4G	90	ES-FADOF	769.9 nm	5.5 mW/cm^2	500	180	10	河南师范大学/华中理工/北京大学	Th-D	SbM	光谱学与光谱分析 21(3)，274(2001)	532 nm 法拉第光学滤波器传输特性	（略）
2001	K	766.0	$4S_{1/2}$-$4P_{3/2}$	3	1.5G	71	FADOF	N/A	N/A	815	134	1	哈尔滨工业大学	Th-D	LC	光学学报 21(11)，1377 (2001)	钾色散光学滤波器的滤波特性	（略）
2001	K	766.7	$4S_{1/2}$-$4P_{3/2}$	3.2	1.6G	71	FADOF	N/A	N/A	815	134	10	哈尔滨工业大学	Ex-D	NM	IEEE J. Quantum Electron. 37(3)，372 (2001)	Optical Filtering Characteristic of Potassium Faraday Optical Filter	（略）
2001	K	766.7	$4S_{1/2}$-$4P_{3/2}$	3.2	1.6G	71	FADOF	N/A	N/A	815	134	10	哈尔滨工业大学	Ex-D	NM	Opt. Commun. 194，147 (2001)	Potassium Faraday optical filter in line-center operation	（略）
2001	K	769.9	$4S_{1/2}$-$4P_{1/2}$	4.3	2.2G	77	FADOF	N/A	N/A	815	116	10	哈尔滨工业大学	Ex-D	NM	SPIE 4272，128(2001)	Potassium Faraday optical filter in line-center operation at 770 nm	（略）
2001	N/A	N/A	N/A	N/A	N/A	N/A	N/A	N/A	N/A	N/A	N/A	N/A	哈尔滨工业大学	Rev	LC	光电子·激光 12(4)，433 (2001)	Faraday 色散光学滤波器的研究进展	（略）
2001	Rb	780.0	$5S_{1/2}$-$5P_{3/2}$	3	1.47G	NM	FADOF	N/A	N/A	200	95	3	北京大学	Ex-A	LC	电子学报 29(3)，423 (2001)	采用原子滤光器可调谐特性的新型卫星光通信捕捉方案研究	（略）

续 表

时间	元素	波长 /nm	跃迁线	带宽 /pm	带宽 /Hz	透射率 /%	类型	泵浦波长	泵浦功率	磁场 /G	温度 /℃	长度 /cm	单位	Th/Ex	应用	信息来源	文献标题	备注
2001	Rb	780.0	$5S_{1/2}$-$5P_{3/2}$	7.2	4G	100	FADOF	N/A	N/A	300	105	5	北京大学	Th-A	LC	光学学报 21 (7)，861 (2001)	原子滤光器多峰及可调谐特性在卫星光链路捕捉系统中应用探讨	（略）
2001	Rb	780.0	$5S_{1/2}$-$5P_{3/2}$	1.7	0.8G	90	V	N/A	N/A	200	110	NM	北京大学	Ex-A	LC	光电子．激光 12 (1)，1119 (2001)	无线光通信系统中佛克脱原子滤光器技术研究	（略）
2001	Rb	780.0	$5S_{1/2}$-$5P_{3/2}$	1.6	0.8G	80	V	N/A	N/A	200	120	3	北京大学	Th-D	LC	光学学报 21 (3)，357 (2001)	佛克脱反常色散原子滤光器工作机理研究	（略）
2001	Sr	460.7	$5sS_0$-$5pP_1$	1	1.47G	95	FADOF	N/A	N/A	1310	630	3	哈尔滨工业大学	Th-D	LC	光学学报 21 (5)，598 (2001)	锶 460.7 nm 法拉第色散光学滤波器的滤波特性分析	（略）
2002	K	766.0	$4S_{1/2}$-$4P_{3/2}$	3.1	1.64G	75	FADOF	N/A	N/A	750	134	1	哈尔滨工业大学	Ex-D	LC	物理学报 51 (11)，2489 (2002)	强磁场下钾原子法拉第反常色散光学滤波器的滤波行为	（略）
2002	K	694.1	$4P_{3/2}$-$6S_{1/2}$	0.27	0.17G	9.5	IDEALF	766.7 nm	330 mW/cm²	N/A	110	7.5	The Flinders University of South Australia/University of Melbourne[澳]	Ex-D	NM	Opt. Lett. 27 (7)，500 (2002)	Sub-Doppler bandwidth atomic optical filter	（略）
2002	K	769.9	$4S_{1/2}$-$4P_{1/2}$	6.7	3.4G	75	FADOF ×2	N/A	N/A	1800	125	NM	Universität Rostock［德］	Ex-D/A	LT	Opt. Lett. 27 (21)，1932 (2002)	Daylight rejection with a new receiver for potassium resonance temperature lidars	（略）
2003	Cs	852.0	$6S_{1/2}$-$6P_{3/2}$	1.2	0.5G	NM	FADOF	N/A	N/A	90	80	3	中科院武汉物数所	Rev	LC	光学与光电技术 1(1),41(2003)	法拉第原子滤光器的特性及应用	（略）
2003	K	532.0	$4P_{1/2}$-$8S_{1/2}$	0.47	0.5G	31	ES-FADOF	766	60.2	310	200	4	哈尔滨工业大学	Ex-D	LC	物理学报 52 (5),1151(2003)	钾原子 532 nm 可调谐超窄带光学滤波器的研究	（略）

续表

时间	元素	波长/nm	跃迁线	带宽/pm	带宽/Hz	透射率/%	类型	泵浦波长	泵浦功率	磁场/G	温度/℃	长度/cm	单位	Th/Ex	应用	信息来源	文献标题	备注
2003	Na	589.6	$3S_{1/2}$-$3P_{1/2}$	NM	NM	45	FADOF	N/A	N/A	3000	150	3	中国科学院空间中心/中国科学院武汉物理与数学研究所	Th-D	LC	中国空间科学学会空间探测专业委员会第十六次学术会议	强磁场下钠原子滤光器特性	（略）
2004	Cs	852.0	$6S_{1/2}$-$6P_{3/2}$	NM	NM	NM	FADOF	N/A	N/A	N/A	NM	NM	University of New Mexico/New Mexico State University[美]	Ex-A	LC	SPIE 5160，265 (2004)	First experimental demonstration of full-duplex communication on a single laser beam	（略）
2004	Cs	852.0	$6S_{1/2}$-$6P_{3/2}$	2	0.82G	NM	PCAD-OF	N/A	N/A	N/A	N/A	N/A	首都师范大学	Th-D	LC	物理学报 53 (10),3336 (2004)	光子晶体反常色散超窄带滤波理论	（略）
2004	NM	532/852	NM	NM	0.6-10G	90	NM	N/A	N/A	N/A	N/A	N/A	南京航空航天大学/马普引力所/紫金山天文台	Th-A	LC	紫金山天文台台刊 23(1-4)，155 (2004)	ASTROD 1 的光学设计	用于ASTROD 1的光学设计
2004	NM	NM	NM	NM	NM	72.04	V	N/A	N/A	110,250	95,90	2,4.5	北京大学	Ex-A	LC	光学学报 24 (12),1590-1594 (2004)	采用级联原子滤光器的新型卫星激光链路系统研究	（略）
2004	Rb85	780.0	$5S_{1/2}$-$5P_{3/2}$	4.5	2.2G	72	FADOF	N/A	N/A	1450	79.54	4	中科院武汉物数所	Ex-D	LC	中国激光 31 (8),967(2004)	单光子探测条件下Rb法拉第反常色散滤波器的研究	（略）
2004	Rb	543.3	$5P_{3/2}$-$8D_{5/2}$	NM	NM	NM	ES-FADOF	780 nm	NM	39.5	119.5	NM	Technischen Universität Darmstadt[德]	Ex-A	L	Appl. Phys. B 79(8)，955-961 (2004)	A novel approach to a Brillouin-lidar for remote sensing of the ocean temperature	（略）

续表

时间	元素	波长/nm	跃迁线	带宽/pm	带宽/Hz	透射率/%	类型	泵浦波长	泵浦功率	磁场/G	温度/℃	长度/cm	单位	Th/Ex	应用	信息来源	文献标题	备注
2005	Cs	852.0	$6S_{1/2}$-$6P_{3/2}$	NM	NM	NM	FADOF	N/A	N/A	NM	NM	NM	中科院武汉物数所	Ex-A	LC	光学与光电技术 3(5)，36(2005)	原子稳频半导体激光器的微处理器智能控制	（略）
2005	Cs	852.0	$6S_{1/2}$-$6P_{3/2}$	NM	NM	>90	FADOF	N/A	N/A	850	350-373	NM	中科院武汉物数所	Ex-A	LC	中国激光 32(10)，1317-1320(2005)	半导体激光器的原子法拉第反常色散光学滤波器光反馈稳频	（略）
2005	He	1083.0	2^3S_1-2^3P	NM	NM	NM	V	18～30MHz（电离）	NM	2000	(120Pa)	4	Jet Propulsion Laboratory/Eddy Company/ University of New Mexico [美]	Ex-D	Solar	Proc. Solar Wind 11-SOHO 16 "Connecting Sun and Helioshpere", Whistler, Canada, 12-17 June 2005 (ESA SP-592, Sept. 2005)	Chromospheric Observations in the Helium 1 083 nm Line-a New Instrument	氦原子
2005	K	769.9	$4S_{1/2}$-$4P_{1/2}$	6.7	3.4G	75	FADOF ×2	N/A	N/A	1800[24]	124±0.4	NM	Universität Rostock [德]	Ex-A	LT	Opt. Lett. 30 (8), 890 (2005)	Accurate lidar temperatures with narrowband filters	（略）
2005	K	694.0	$6S_{1/2}$-$4P_{3/2}$	0.27	0.17G	13.7	IDEALF	767	330	N/A	383	7.5	哈尔滨工业大学	Th-D	LC	物理学报 54(7)，3000 (2005)	激光感生色散光学滤波理论	（略）
2005	NM	NM	NM	NM	NM	NM	NM	NM	NM	NM	NM	NM	上海理工大学	Th-D	NM	广西科学 12(1)，22(2005)	磁光 Faraday 效应的经典和量子理论描述	（略）
2005	Rb	780.0	$5S_{1/2}$-$5P_{3/2}$	～2	～1G	>90	FADOF	N/A	N/A	132	120	NM	Technischen Universität Darmstadt [德]	Ex-A	L	Laser Phys. 15 (1), 55 (2005)	On the Potential of Faraday Anomalous Dispersion Optical Filters as High-Resolution Edge Filters	（略）

续表

时间	元素	波长 /nm	跃迁线	带宽 /pm	带宽 /Hz	透射率 /%	类型	泵浦波长	泵浦功率	磁场 /G	温度 /℃	长度 /cm	单位	Th/Ex	应用	信息来源	文献标题	备注
2006	Cs	459.0	$6S_{1/2}$-$7P_{1/2}$	2	～3G	～100	FADOF	N/A	N/A	500-700	r	NM	河南师范大学	Th-D	SbM	激光技术 30 (6), 593 (2006)	459 nm 斯塔克调谐法拉第反常色散滤光特性	（略）
2006	Cs	459.0	$6S_{1/2}$-$7P_{1/2}$	N/A	N/A	N/A	N/A	N/A	N/A	N/A	N/A	N/A	洛阳师范学院/河南师范大学	Th-D	SBR	河南师范大学学报 34(3), 64 (2006)	Cs 法拉第反常色散光学滤波应用于边缘滤波器特性分析	（略）
2006	Er^{3+}	1530.0	$^4I_{15/2}$-$^4I_{13/2}$	620	30G	>100	FADOF	1 480 nm	60 mW	100	r	1	河南师范大学	Th-D	LC	激光杂志 27 (4), 43 (2006)	1.53μm 增益型法拉第反常色散特性分析	（略）
2006	N/A	N/A	N/A	N/A	N/A	N/A	N/A	N/A	N/A	1800	N/A	N/A	武汉大学	N/A	N/A	中国仪器仪表 2006(1), 36 (2006)	Faraday 反常色散光学滤波器的磁体设计	（略）
2006	Rb	543.3	$5P_{3/2}$-$8D_{5/2}$	～2	～2G	～4	ES-FADOF	780 nm + 1.37 GHz	550 mW@ϕ4 mm	1 600	170	NM	Technischen Universität Darmstadt [德]	Ex-A	L	Opt. Commun. 264, 475 (2006)	On an excited state Faraday anomalous dispersion optical filter at moderate pump powers for a Brillouin-lidar receiver system	（略）
2006	Rb	780.0	$5S_{1/2}$-$5P_{3/2}$	4.2	2.1G	60	FADOF	N/A	N/A	230	110	NM	中科院武汉物数所	Ex-A	QKD	Appl. Phys. Lett. 89(19), 191121 (2006)	Free-space quantum key distribution with Rb vapor filters	用于量子密钥分发

续表

时间	元素	波长/nm	跃迁线	带宽/pm	带宽/Hz	透射率/%	类型	泵浦波长	泵浦功率	磁场/G	温度/℃	长度/cm	单位	Th/Ex	应用	信息来源	文献标题	备注
2007	Cs	852.0	$6S_{1/2}$-$6P_{3/2}$	NM	NM	NM	NM	N/A	N/A	NM	80	20	Universidade Federal da Paraíba（联邦帕拉巴大学）[巴西]	Ex-A	LFS	Opt. Lett. 32 (13), 1869 (2007)	Semiconductor laser with extended cavity and intra-cavity atomic filter	（略）
2007	N/A	N/A	N/A	N/A	N/A	N/A	N/A	N/A	N/A	N/A	N/A	N/A	中国工程物理研究院	Rev	N/A	激光与光电子学进展 44(6), 62 (2007)	超窄带滤光技术研究进展	（略）
2007	Na	589.0	$3S_{1/2}$-$3P_{3/2}$	3.47	3G	50	FADOF	N/A	N/A	2100	165	2	中科院武汉物数所	Ex-A	LT	中国激光 34 (3), 406-410 (2007)	采用原子滤光的激光雷达白天探测技术	（略）
2007	Na	589.0	$3S_{1/2}$-$3P_{3/2}$	NM	NM	NM	NM	N/A	N/A	NM	NM	NM	中科院武汉物数所	Ex-A	LC	中国科学 37 (2), 196(2007)	武汉高空钠层的激光雷达24h连续观测	（略）
2007	Rb	543.3	$5P_{3/2}$-$8D_{5/2}$	～2	～2G	～4	ES-FADOF	780 nm-5.31 GHz	NM	1600	170	NM	Technischen Universität Darmstadt [德]/Texas A&M University[美]	Ex-A	L	3rd EARSeL Workshop Remote Sensing of the Coastal Zone 7-9 June 2007, Bolzano, Italy	Key Developments for a Brillouin Lidar for Remote Sensing of Oceanic Temperature Profiles	有充10Torr氙的数据
2007	Rb	775.9	$5P_{3/2}$-$5D_{3/2}$	0.8pm	0.4G	9	IDEALF	780 nm	2.90 W/cm²	N/A	137	10	哈尔滨工业大学	Ex-D	NM	Chin. Opt. Lett. 5(5), 252 (2007)	Transmission characteristics of an excited-state induced dispersion optical filter of rubidium at 775.9 nm	（略）
2007	Rb	543.3	$5P_{3/2}$-$8D_{5/2}$	2.5	2.5G	40	ES-FADOF	780 nm	500 mW	1 600	170	NM	Technischen Universität Darmstadt [德]	Ex-A	L	Laser Phys. 17 (7), 975-982 (2007).	A fiber amplifier and an ESFADOF: Developments for a transceiver in a Brillouin lidar	（略）

续表

时间	元素	波长 /nm	跃迁线	带宽 /pm	带宽 /Hz	透射率 /%	类型	泵浦波长	泵浦功率	磁场 /G	温度 /℃	长度 /cm	单位	Th/Ex	应用	信息来源	文献标题	备注
2008	Rb	780.0	$5S_{1/2}$-$5P_{3/2}$	0.1	60M	N/A	FADOF +R	780 nm(R)	50-250 mW	200	100	10	中科院武汉物数所	Ex-D	LC	Opt. Lett. 33 (16), 1842 (2008)	Ultranarrow-bandwidth atomic filter with Raman light amplification	(略)
2008	Rb	780.0	$5S_{1/2}$-$5P_{3/2}$	4.6	2.3G	73	VADOF	NA	NA	100	100	2	北京大学	Ex-A	LC	Opt. Eng. 47 (2), 025010 (2008).	High-accuracy angle detection for ultra-wide-field-of-view acquisition in wireless optical links	(略)
2009	K	766.7	$4S_{1/2}$-$4P_{3/2}$	0.012	6.16M	~100	FADOF	N/A	N/A	700	79	4	Colorado State University[美]	Th-D	NM	J. Opt. Soc. Am. B 26(4), 659 (2009)	Sodium and potassium vapor Faraday filters revisited: theory and applications	(略)
2009	K	770.1	$4S_{1/2}$-$4P_{1/2}$	0.012	6.08M	~100	FADOF	N/A	N/A	700	104	4	Colorado State University[美]	Th-D	NM	J. Opt. Soc. Am. B 26(4), 659 (2009)	Sodium and potassium vapor Faraday filtersrevisited: theory and applications	(略)
2009	Rb87	795.0	$5S_{1/2}$-$5P_{1/2}$	0.17	80M	14.6	IDEALF	NM	NM	N/A	NM	NM	ICFO-Institut de Ciencies Fotoniques [西]	Ex-D	NM	Opt. Lett. 34 (7), 1012 (2009)	Narrowband tunable filter based on velocity-selective optical pumping in an atomic vapor	(略)
2009	Na	589.2	$3S_{1/2}$-$3P_{3/2}$	0.011	9.80M	~100	FADOF	N/A	N/A	1850	169	4	Colorado State University[美]	Th-D	Gas	J. Opt. Soc. Am. B 26(4), 659 (2009)	Sodium and potassium vapor Faraday filters revisited: theory and applications	[O] / [O_2]值
2009	Na	589.8	$3S_{1/2}$-$3P_{1/2}$	0.011	9.77M	~100	FADOF	N/A	N/A	1850	186	4	Colorado State University[美]	Th-D	Gas	J. Opt. Soc. Am. B 26(4), 659 (2009)	Sodium and potassium vapor Faraday filters revisited: theory and applications	[O] / [O_2]值

续表

时间	元素	波长 /nm	跃迁线	带宽 /pm	带宽 /Hz	透射率 /%	类型	泵浦波长	泵浦功率	磁场 /G	温度 /℃	长度 /cm	单位	Th/Ex	应用	信息来源	文献标题	备注
2009	Rb	532.2	$5P_{1/2}$-$10S_{1/2}$	VV	VV	VV	ES-FADOF	795 nm	VV (～mW)	VV	VV (～160)	VV	河南师范大学	Th-D	NM	Opt. Commun. 282, 236 (2009)	Analyses of transmission characteristics of Rb, Rb85 and Rb87 Faraday optical filters at 532 nm	（略）
2009	Rb85	780.0	$5S_{1/2}$-$5P_{3/2}$	NM	NM	>90	FADOF	N/A	N/A	80	70	7.5	Durham University［英］	Ex-A	BS	Opt. Lett. 34 (20), 3071 (2009)	Faraday dichroic beam splitter for Raman light using an isotopically pure alkali-metal-vapor cell	（略）
2009	K	694.1	$4P_{3/2}$-$6S_{1/2}$	0.27	170M	9.5	IDEALF	766.7 nm	330 mW/cm^2	N/A	110	7.5	哈尔滨工业大学	Th-D	Sp	J. Opt. Soc. Am. B 26(9), 1755 (2009)	Theoretical model for an atomic optical filter based on optical anisotropy	IDEALF 理论计算方法
2009	K	532.0	$4P_{1/2}$-$8S_{1/2}$	NM	NM	9.85	ES-SADOF	769.9 nm	NM	310	200	4	同济大学	Ex-D	NM	J. Mod. Optic. 56(8), 980-985 (2009).	A study of the potassium excited state Stark anomalous dispersion optical filter at 532.33 nm	（略）
2009	Rb87	776.0	$5P_{3/2}$-$5D_{3/2}$	0.8	0.4G	14.4	IDEALF	780 nm	1.5 W/cm^2	NA	115	NM	哈尔滨工业大学	Th-D	NM	Opt. Commun. 282(23), 4548-4551 (2009).	Theory and experiment for atomic optical filter based on optical anisotropy in rubidium	（略）
2010	Rb	543.3	$5P_{3/2}$-$8D_{5/2}$	4.16	4.23G	15.7	ES-FADOF	780 nm (−5.8 GHz)	460 mW	2700	167	NM	Technischen Universität Darmstadt［德］	Ex-D	L	Appl. Phys. B 98, 667 (2010)	On an ESFADOF edge-filter for a range resolved Brillouin-lidar: The high-vapor density and high pump intensity regime	（略）
2010	Rb	780.0	$5S_{1/2}$-$5P_{3/2}$	12	5.81G	65.1	FADOF	N/A	N/A	318	120	3	北京大学	Rev	LC	科学通报 55(7), 527 (2010)	Faraday反常色散滤光器	（略）

续表

时间	元素	波长/nm	跃迁线	带宽/pm	带宽/Hz	透射率/%	类型	泵浦波长	泵浦功率	磁场/G	温度/℃	长度/cm	单位	Th/Ex	应用	信息来源	文献标题	备注
2010	Na	589.0	$3S_{1/2}$-$3P_{3/2}$	NM	NM	>50	FADOF	NA	NA	2500	NM	4	Colorado State University[美]	Ex-A	SP	J. Atmos. Sol-Terr. Phy. 72 (17), 1260-1269 (2010).	The Faraday filter-based spectrometer for observing sodium night glow and studying atomic and molecular oxygen associated with the sodium chemistry in the mesopause region	大气中间层顶温度全天时测量
2011	Na	589.0	$3S_{1/2}$-$3P_{3/2}$	4	3.5G	94	FADOF	N/A	N/A	3000	182	NM	中科院武汉物数所	Ex-D	L	Opt. Lett. 36 (7), 1302 (2011)	A flat spectral Faraday filter for sodium lidar	(略)
2011	Nd^{3+}	879.7	$^4I_{9/2}$-$^4F_{3/2}$	15.5	6G	71	FADOF	N/A	N/A	7750	NM	0.85	中国科学技术大学	Th-D	LC	Phys. Rev. A 84(5), 055803 (2011)	Proposed solid-state Faraday anomalous-dispersion optical filter	Nd^{3+}:YVO_4
2011	Rb	543.3	$5P_{3/2}$-$8D_{5/2}$	2	~2G	~80	ES-FADOF	780 nm	135 mW	6 000	300	3.8	Technische Universität Darmstadt [德]	Ex-A	LT-Ocean	OCEANS 2012 (YEOSU 丽水，韩国)	A Brillouin lidar for remote sensing of the temperature profile in the ocean towards the laboratory demonstration	(略)
2011	Rb	775.9	$5P_{3/2}$-$5D_{5/2}$	1.3	650M	1.9	ES-FADOF	NM	NM	100	250	3	北京大学/The Pennsylvania State University [美]	Ex-D	LC	Opt. Lett. 36 (23), 4611 (2011)	Electrodeless-discharge-vapor-lamp-based Faraday anomalous-dispersion optical filter	(略)
2011	Rb	780.0	$5S_{1/2}$-$5P_{3/2}$	2.84	1.3G	NM	FADOF	N/A	N/A	NM	NM	NM	北京大学	Ex-A	LFS	NCOQE 2011	基于Rb原子滤光器的半导体外腔激光器	(略)
2011	Rb	780.0	$5S_{1/2}$-$5P_{3/2}$	NM	NM	NM	FADOF	N/A	N/A	320	70	3	北京大学	Ex-D	LFS	Rev. Sci. Instrum. 82(8), 086106 (2011).	Note: Demonstration of an external-cavity diode laser system immune to current and temperature fluctuations	(略)

续表

时间	元素	波长 /nm	跃迁线	带宽 /pm	带宽 /Hz	透射率 /%	类型	泵浦波长	泵浦功率	磁场 /G	温度 /℃	长度 /cm	单位	Th/Ex	应用	信息来源	文献标题	备注
2011	Rb	780.0	$5S_{1/2}$-$5P_{3/2}$	0.24	0.12G	N/A	FADOF+R	780 nm(R)	6.64 W/cm^2	170	94(Optimal)	4	中科院武汉物数所	Ex-D	LC/L	Chin. Opt. Lett. 9(2), 021405 (2011)	Narrowband switchable dual-passband atomic filterwith four-wave mixing optical amplification	（略）
2011	Rb87	795.0	$5S_{1/2}$-$5P_{1/2}$	0.17	80M	14.6	IDEALF	NM	NM	N/A	NM	NM	ICFO-Institut de Ciencies Fotoniques［西］	Ex-A	N/A	Phys. Rev. Lett. 106(5), 053602 (2011)	Atom-Resonant Heralded Single Photons by Interaction-Free Measurement	单光子产生压线宽
2011	Rb87	775.9	$5P_{3/2}$-$5D_{3/2}$	0.5	0.26G	90	IDEALF	780 nm	r-100 MHz	N/A	100	7.5	哈尔滨工业大学	Th-D	NM	J. Opt. Soc. Am. B28(5), 1100 (2011)	Atomic filter with large scale tunability	双峰间隔 100G
2011	Rb87	762.0	$5P_{1/2}$-$5D_{3/2}$	0.41	210M	N/A	IDEALF+R	780/776 nm	r-100/200 MHz	0	47	5	哈尔滨工业大学	Th-D	NM	Opt. Commun. 284(18),4180 (2011)	Gain assisted large-scale tunable atomic filter based on double selective optical pump induced dichroism	（略）
2012	Cs	455.0	$6S_{1/2}$-$7P_{3/2}$	1	1.5G	86	FADOF	N/A	N/A	900	190	5	北京大学	Ex-D	NM	Opt. Express 20 (23), 25817 (2012)	Cs Faraday optical filter with a single transmission peak resonant with the atomic transition at 455 nm	（略）
2012	Cs	852.0	$6S_{1/2}$-$6P_{3/2}$	2	0.83G	56	FADOF	N/A	N/A	NM	NM	NM	北京大学	Ex-A	LC	载人航天 18 (4), 80 (2012)	法拉第反常色散滤光器及其应用	（略）
2012	Cs	852.0	$6S_{1/2}$-$6P_{3/2}$	NM	NM	40/80	FADOF	N/A	N/A	132/102	379/363	2	中科院武汉物数所	Ex-A	LFS	Opt. Laser Tech. 44, 1982 (2012)	A Doppler lidar with atomic Faraday devices frequency stabilization and discrimination	（略）

续表

时间	元素	波长/nm	跃迁线	带宽/pm	带宽/Hz	透射率/%	类型	泵浦波长	泵浦功率	磁场/G	温度/℃	长度/cm	单位	Th/Ex	应用	信息来源	文献标题	备注
2012	Cs	455.0	$6S_{1/2}$-$7P_{3/2}$	4.2/2.7fm	6.2M/3.9M	9.7/6.1	FADOF-P	455 nm	30 mW/cm²	4/5	110	5	北京大学	Ex-D	LFS	Opt. Lett. 37 (19), 4059 (2012)	Nonlinear optical filter with ultranarrow bandwidth approaching the natural linewidth	（略）
2012	K	769.9	$4S_{1/2}$-$4P_{1/2}$	7.2	3.64G	95	FADOF	N/A	N/A	NM	NM	NM	NAIC Arecibo Observatory[美]/Leibniz Institute for Atmospheric Physics[德]/University of Colorado[美]	Ex-A	L	J. Atoms Sol.-Terr. Phy. 80 (5), 187 (2012)	High spectral resolution test and calibration of an ultra-narrowband Faraday anomalous dispersion optical filter for use in day time mesospheric resonance Doppler lidar	（略）
2012	K	770.1	$4S_{1/2}$-$4P_{1/2}$	3.56	1.8G	NM	FADOF	N/A	N/A	NM	NM	NM	武汉大学/中科院武汉物数所/中国科学院国家天文台	Ex-A	Sp	中国激光 39(8), 0808003 (2012)	钾原子滤光器在太阳高分辨率观测中的应用	（略）
2012	Na	589.2	$3S_{1/2}$-$3P_{3/2}$	2.5	2.2G	90	FADOF	N/A	N/A	3200	212	2	武汉大学/中科院武汉物数所	Ex-D	Solar	光学学报 22 (5),0523002 (2012)	双透射峰钠原子滤光器在太阳速度场观测中的应用	（略）
2012	Na	589.2	$3S_{1/2}$-$3P_{3/2}$	3.7/2.7	3.2/2.3G	97/89	FADOF	N/A	N/A	2700/600	185/216	2	中科院武汉物数所/中科院空间天气学国家重点实验室	Th-D	NM	量子电子学报 29(1), 1 (2012)	钠原子 D2 线 FADOF 强磁场模型适用条件研究	（略）
2012	Rb	543.3	$5P_{3/2}$-$8D_{5/2}$	~2	~2G	81.1	Es-FADOF	780 nm (−70 GHz)	135 mW	6 080	150	3.8 (ϕ10)	Technischen Universität Darmstadt[德]	Ex-D	RS	Opt. Lett. 37 (21), 4477 (2012)	High-transmission excited-state Faraday anomalous dispersion optical filter edge filter based on a Halbach cylinder magnetic-field configuration	（略）

续表

时间	元素	波长/nm	跃迁线	带宽/pm	带宽/Hz	透射率/%	类型	泵浦波长	泵浦功率	磁场/G	温度/℃	长度/cm	单位	Th/Ex	应用	信息来源	文献标题	备注
2012	Rb	1529.4	$5P_{3/2}$-$4D_{5/2}$	NM	0.3G	21.9	ES-FADOF	176MHz (lamp)	3.5W	100	220	3	北京大学/The Pennsylvania State University[美]	Ex-D	LC	Appl. Phys. Lett. 101(21), 211102 (2012)	Demonstration of an excited-state Faraday anomalous dispersion optical filter at 1 529 nm by use of an electrodeless discharge rubidium vapor lamp	激发态无极灯泵浦
2012	Rb	780.0	$5S_{1/2}$-$5P_{3/2}$	N/A	N/A	N/A	FADOF	N/A	N/A	776	160	0.2	Durham University[英]	Ex-D	NM	J. Phys. B 45 (5), 055001 (2012)	Measuring the Stokes parameters for light transmitted by a high-density rubidium vapour in large magnetic fields	(略)
2012	Rb	780.0	$5S_{1/2}$-$5P_{3/2}$	N/A	N/A	N/A	FADOF	N/A	N/A	5970	135	6.35	Durham University[英]/NIST	Ex-A	ISO	Opt. Lett. 37 (16), 3405 (2012)	Optical isolator using an atomic vapor in the hyperfine Paschen - Back regime	45°旋转做隔离器
2012	Rb	794.7	$5S_{1/2}$-$5P_{1/2}$	0.94	0.45G	71	FADOF	N/A	N/A	45	92	10	ICFO[西]/École Polytechnique de Montréal[加]/ICREA[西]	Ex-D	C&Q	Opt. Lett. 37 (4), 524 (2012)	Ultranarrow Faraday rotation filter at the Rb D1 line	(略)
2012	Rb	794.7	$5S_{1/2}$-$5P_{1/2}$	0.94	0.45G	70	FADOF	N/A	N/A	45	92	NM	ICFO[西]/École Polytechnique de Montréal[加]/ICREA[西]	Ex-D	NM	QT5A.4 Research in Optical Sciences 2012	High-performance narrowband filter for atom-resonant quantum light generation	(略)

续表

时间	元素	波长/nm	跃迁线	带宽/pm	带宽/Hz	透射率/%	类型	泵浦波长	泵浦功率	磁场/G	温度/℃	长度/cm	单位	Th/Ex	应用	信息来源	文献标题	备注
2012	Rb	780.0	$5S_{1/2}$-$5P_{3/2}$	2.8	1.41G	30.6	FADOF	N/A	N/A	300	63	NM	北京大学	Ex-D	LC	Opt. Lett. 37 (12), 2274 (2012)	Faraday anomalous dispersion optical filter with a single transmission peak using a buffer-gas-filled rubidium cell	缓冲气体抑制边带
2012	Rb	780.0	$5S_{1/2}$-$5P_{3/2}$	VV	VV	VV	FADOF	N/A	N/A	300	23	2 (ϕ2)	北京大学	Ex-D	NM	中国科学：42 (12), 1346 (2012)	单透射峰 Faraday 反常色散原子滤光器中检偏器角度的影响	（略）
2012	Rb	780.0	$5S_{1/2}$-$5P_{3/2}$	0.12	61M	14.9	IDEALF	780 nm	~1 W/cm²	N/A	60	10	哈尔滨工业大学	Ex-D	NM	Opt. Commun. 285 1181 (2012)	Ultra-narrow bandwidth atomic filter based on optical-pumping-induced dichroism realized by selectively saturated absorption	（略）
2012	Rb87	776.0	$5P_{3/2}$-$5D_{3/2}$	NM	NM	97.2	IDEALF	780 nm	r=10 MHz	NA	77	NA	哈尔滨工程大学	Th-D	NM	Appl. Opt. 51 (30), 7183-7187 (2012).	Incoherent pump assisted atomic filter based on laser-induced optical anisotropy	（略）
2013	Cs	852.0	$6S_{1/2}$-$6P_{3/2}$	NM	NM	NM	FADOF	N/A	N/A	NM	NM	NM	中科院武汉物数所	Ex-A	L	量子电子学报 30(1), 42 (2013)	原子法拉第效应器件稳频与鉴频的测速多普勒激光雷达	（略）
2013	Rb	1529.0	$5P_{3/2}$-$4D_{5/2}$	VV	VV	VV	ES-FADOF	176 MHz (lamp)	<23W	~100	250	3	北京大学	Ex-D	NM	Chin. Sci. Bull. 58(36), 4582 (2013)	Global evolution of an analyzer angle on the Faraday anomalous dispersion optical filter at 1 529 nm	2 torr Xe 缓冲气体
2013	Rb	780.0	$5S_{1/2}$-$5P_{3/2}$	5.5	2.71G	90	VADOF	N/A	N/A	100	100	2	北京大学	Th-A	LC	Appl. Opt. 52 (14), 3147 (2013)	Acquisition probability analysis of ultra-wide FOV acquisition scheme in optical links under impact of atmospheric turbulence	（略）

续表

时间	元素	波长 /nm	跃迁线	带宽 /pm	带宽 /Hz	透射率 /%	类型	泵浦波长	泵浦功率	磁场 /G	温度 /℃	长度 /cm	单位	Th/Ex	应用	信息来源	文献标题	备注
2013	Rb87	780.0	$5S_{1/2}$-$5P_{3/2}$	0.07	34.9M	18.6	FADOF	N/A	N/A	11	85	5	北京大学	Ex-A	LFS	Opt. Express 21 (33), 028010 (2013)	An all-optical locking of a semiconductor laser to the atomic resonance line with 1 MHz accuracy	（略）
2014	Cs	728.0	$5D_{5/2}$-$6F_{7/2}$	1.13	0.64G	2.6	ES-FADOF	NM	14.5W	100	241	15	北京大学	Ex-D	LFS	Chin. Phys. Lett. 31(12), 120602 (2014)	Cs 728 nm Laser Spectroscopy and Faraday Atomic Filter	（略）
2014	Cs	852.0	$6S_{1/2}$-$6P_{3/2}$	7.97	3.29G	77.4	FADOF	N/A	N/A	60	73	2	同济大学/上海电机学院	Ex-D	NM	Optik 125(2), 721 (2014)	The filtering behavior of cesium Faraday optical filter	（略）
2014	Cs	852.0	$6S_{1/2}$-$6P_{3/2}$	0.11	45M	25	FADOF-p	NM	NM	NM	NM	NM	北京大学	Ex-A	LFS	Opt. Lett. 39 (21), 6339 (2014)	Active Faraday optical frequency standard	（略）
2014	K	766.7	$4S_{1/2}$-$4P_{3/2}$	3.14	1.6G	73.7	FADOF	N/A	N/A	820	134	10	同济大学	Ex-D	NM	Optik 125(20), 5993 (2014)	The filtering characteristics of potassium Faraday anomalousdispersion optical filter in a strong magnetic field	（略）
2014	Na	589.0	$3S_{1/2}$-$3P_{1,3/2}$	~2.5	~2.2	>80	FADOF	N/A	N/A	~1000	206	10	Universität Stuttgart [德]	Ex-A	SP	Nature 509, 66 (2014)	Molecular photons interfaced with alkali atoms	（略）
2014	Na	589.0	$3S_{1/2}$-$3P_{3/2}$	~1.2	~1G	90.1	FADOF	N/A	N/A	2000	153	10	Universität Stuttgart [德]	Ex-D	Sp/L	Sci. Rep. 4, 6552 (2014)	Na-Faraday rotation filtering: The optimal point	（略）

续表

时间	元素	波长/nm	跃迁线	带宽/pm	带宽/Hz	透射率/%	类型	泵浦波长	泵浦功率	磁场/G	温度/℃	长度/cm	单位	Th/Ex	应用	信息来源	文献标题	备注
2014	Rb	775.9	$5P_{3/2}$-$5D_{3/2}$	<2	<1G	8.5	ES-FADOF	422 nm	14 mW	300	140	5	北京大学	Ex-D	NM	Opt. Lett. 39 (4), 842 (2014)	Excited state Faraday anomalous dispersion optical filters based on indirect laser pumping	提出间接泵浦
2014	Rb	1529.0	$5P_{3/2}$-$4D_{5/2}$	15.6	~2G	~70	ES-FADOF	780 nm	18 mW	550	120	5	北京大学	Ex-D	LC	Opt. Express 22 (7), 7416 (2014)	An atomic optical filter working at 1.5 μm based on internal frequency stabilized laser pumping	激发态内稳频方案
2014	Rb	780.0	$5S_{1/2}$-$5P_{3/2}$	0.13	66M	N/A	FADOF+R	780 nm(R)	236 mW	205	~100	4	河南师范大学	Th-D	LC	J. Opt. Technol. 81(4), 174 (2014)	Transmission characteristics of a Raman-amplified atomic optical filter in rubidium at 780 nm	（略）
2014	Rb	780.0	$5S_{1/2}$-$5P_{3/2}$	0.05	25M	18.6	FADOF-p	780 nm	0.68 mW/cm²	11	85	5	北京大学	Ex-D	LFS	Chin. Opt. Lett. 12(10), 101204 (2014)	Ultranarrow bandwidth nonlinear Faraday optical filter at rubidium D2 transition	（略）
2014	Rb87	420.3	$5S_{1/2}$-$6P_{3/2}$	5	2.5G	98	FADOF	N/A	N/A	500	280	5	浙江大学城市学院	Ex-D	LFS	Opt. Lett. 39 (11), 3324 (2014)	Isotope Rb87 Faraday anomalous dispersion optical filter at 420 nm	（略）
2014	Rb	780.0	$5S_{1/2}$-$5P_{3/2}$	10	4.9G	50	FADOF	N/A	N/A	NM	NM	NM	中科院空间科学应用研究院	Ex-A	GI	Opt. Lett. 39 (8), 2314-2317 (2014).	Lensless ghost imaging with sunlight	用于日光量子成像
2015	Cs	459.0	$6S_{1/2}$-$7P_{1/2}$	0.84	1.2G	98	FADOF	N/A	N/A	323	179	5	北京大学	Ex-D	LFS	Photon. Res. 3 (5), 275 (2015)	Faraday anomalous dispersion optical filter at ^{133}Cs weak 459 nm transition	（略）

续表

时间	元素	波长/nm	跃迁线	带宽/pm	带宽/Hz	透射率/%	类型	泵浦波长	泵浦功率	磁场/G	温度/℃	长度/cm	单位	Th/Ex	应用	信息来源	文献标题	备注
2015	Rb87	780.0	$5S_{1/2}$-$5P_{3/2}$	185	0.91G	78.9	FADOF	N/A	N/A	247	70	5	北京大学	Ex-A	LFS	Opt. Lett. 40 (18), 4348 (2015)	Diode laser operating on an atomic transition limited by an isotope 87Rb Faraday filter at 780 nm	(略)
2015	Cs	895.0	$6S_{1/2}$-$6P_{1/2}$	0.8	0.31G	77	FADOF	N/A	N/A	45.3	68	7.5	Durham University[英]	Th-D	NM	Opt. Lett. 40 (9), 2000-2003 (2015).	Atomic Faraday filter with equivalent noise bandwidth less than 1 GHz	(略)
2015	Rb87	780.0	$5S_{1/2}$-$5P_{3/2}$	5.3	2.6G	83	FADOF	N/A	N/A	73	138.5	0.1	Durham University[英]	Ex-D	NM	J. Phys. B: At. Mol. Opt. Phys. 48, 185001 (2015).	Optimization of atomic Faraday filters in the presence of homogeneous line broadening	(略)
2015	Cs	852.0	$6S_{1/2}$-$6P_{3/2}$	1.35	0.56G	88	FADOF	N/A	N/A	1000	93	7.5	U. S. Air Force Academy[美]	Th-D	NM	J. Opt. Soc. Am. B 32(12), 2507-2513 (2015).	Generalized treatment of magneto-optical transmission filters	磁致双折射通用理论分析
2016	Rb	1529.0	$5P_{3/2}$-$4D_{5/2}$	4.7	0.6G	57.6	ES-VADOF	780 nm	30 mW	872	150	4	北京大学	Ex-D	NM	Opt. Express 24 (6), 6088-6093 (2016)	Tunable rubidium excited state Voigt atomic optical filter	首次激发态 Voigt 型
2016	Rb	780.0	$5S_{1/2}$-$5P_{3/2}$	4.9	2.4G	42	FADOF	N/A	N/A	NM	123	5	北京大学	Ex-A	SP	Opt. Lett. 41 (22), 5397 (2016).	Low-frequency shift Raman spectroscopy using atomic filters	用于 Raman 光谱分析
2016	Rb	1529.0	$5P_{3/2}$-$4D_{5/2}$	VV	VV	>90	ES-FADOF	780 nm	800 mW/cm²	650	110	6	北京大学	Th-D	NM	Opt. Express 24 (13), 14925 (2016).	Analysis of excited-state Faraday anomalous dispersion optical filter at 1 529 nm	(略)

续表

时间	元素	波长/nm	跃迁线	带宽/pm	带宽/Hz	透射率/%	类型	泵浦波长	泵浦功率	磁场/G	温度/℃	长度/cm	单位	Th/Ex	应用	信息来源	文献标题	备注
2016	Sr	461.0	$(5s2)^1S_0$ - $(5s5p)^1P_1$		1.19G	62.50%	HCL-FADOF	N/A	N/A	1748	NA	2	北京大学	Ex-A	NM	Sci. Rep. 629882 (2016).	Hollow cathode lamp based Faraday anomalous dispersion optical filter	空心阴极灯方案
2016	Rb	780nm	5Syz $-5P_{3/2}$	0.4	0.2G	93	FADOF	N/A	N/A	248.5	90.3	0.5	Durham University[英]	Ex-A	LFS	Rev. Sci. Instrum. 87 (9), 095111 (2016).	A single-mode external cavity diode laser using an intra-cavity atomic Faraday filter with short-term linewidth <400 kHz and long-term stability of <1 MHz	(略)
2016	Rb87	795.0	$5S_{1/2}$-$5P_{1/2}$	NM	NM	62	FADOF-z	N/A	N/A	100	100	30	University of Warsaw [波兰]	Ex-A	C&Q	J. Mod. Opt. 63 (20), 2029-2038 (2016).	Magnetically tuned, robust and efficient filtering system for spatially multimode quantum memory in warm atomic vapors	用于量子存储
2017	Rb	1529.0	$5P_{3/2}$-$4D_{5/2}$	NM	NM	46	LES-FADOF	Lamp	N/A	500	135	15	北京大学	Ex-A	LFS	Sci. Rep. 7(1), 8995 (2017)	A Faraday laser lasing on Rb 1529 nm transition	无极灯激发态Faraday激光
2017	NO	5.2μm	N/A	NM	NM	>50	MFOF	N/A	N/A	1 200	27 (80mbar)	NM	中科院武汉物数所	Ex-D	NM	Opt. Express 25, 30916 (2017)	Demonstration of a mid-infrared NO molecular Faraday optical filter	分子滤光器

参考文献

[1] GELBWACHS J A, KLEIN C, WESSEL J E. Infrared detection by an atomic vapor quantum counter[J]. IEEE Journal of Quantum Electronics, 1978, 14(2): 77-79.

[2] GELBWACHS J A. Atomic resonance filters[J]. IEEE Journal of Quantum Electronics, 1988, 24(7): 1266-1277.

[3] CHAN Y C, TABAT M D, GELBWACHS J A. Experimental demonstration of internal wavelength conversion in the magnesium atomic filter[J]. Optics Letters, 1989, 14(14): 722-724.

[4] GELBWACHS J A. Proposed Fraunhofer-wavelength atomic filter at 534.9 nm[J]. Optics Letters, 1990, 15(20): 1165-1167.

[5] GELBWACHS J A. Active wavelength-shifting in atomic resonance filters[J]. IEEE Journal of Quantum Electronics, 1990, 26(6): 1140-1147.

[6] GELBWACHS J A. 422.7-nm atomic filter with superior solar background rejection [J]. Optics Letters, 1990, 15(4): 236-238.

[7] GELBWACHS J A, CHAN Y C. Passive Fraunhofer-wavelength atomic filter at 422.7 nm[J]. Optics Letters, 1991, 16(5): 336-338.

[8] OEHRY B P, SCHUPITA W, MAGERL G. Lamp-pumped thallium atomic line filter at 535.046 nm[J]. Optics Letters, 1991, 16(20): 1620-1622.

[9] GELBWACHS J A, CHAN Y C. Passive Fraunhofer-wavelength atomic filter at 460.7 nm[J]. IEEE Journal of Quantum Electronics, 1992, 28(11): 2577-2581.

[10] WALTHER F G. Fast efficient Ca atomic resonance filter at 423 nm[J]. Optics Letters, 1992, 17(22): 1632-1634.

[11] ÖHMAN Y. On some new auxiliary instruments in astrophysical research[J]. Stockholm's Observatorium Annaler, 1956, 19(3): 9-11.

[12] MENDERS J, SEARCY P, ROFF K, et al. Blue cesium Faraday and Voigt magneto-optic atomic line filters[J]. Optics Letters, 1992, 17(19): 1388-1390.

[13] BILLMERS R I, GAYEN S K, SQUICCIARINI M F, et al. Experimental demonstration of an excited-state Faraday filter operating at 532 nm[J]. Optics Letters, 1995, 20(1): 106-108.

[14] MARLING J B, NILSEN J, WEST L C, et al. An ultrahigh Q isotropically sensitive optical filter employing atomic resonance transitions[J]. Journal of Applied Physics, 1979, 50(2): 610-614.

[15] CHUNG Y C, SHAY T M. Experimental demonstration of a diode laser-excited

optical filter in atomic Rb vapor[J]. IEEE Journal of Quantum Electronics, 1988, 24(5): 709-711.

[16] SOROKIN P P, LANKARD J R, MORUZZI V L, et al. Frequency-locking of organic dye lasers to atomic resonance lines[J]. Applied Physics Letters, 1969, 15: 179-181.

[17] FORK R L, BRADLEY L C. Dispersion in the vicinity of an optical resonance[J]. Applied Optics, 1964, 3(1): 137.

[18] SCHMIDT B M, WILLIAMS J M, WILLIAMS D. Magneto-optic modulation of a light beam in sodium vapor[J]. Journal of the Optical Society of America, 1964, 54 (4): 454.

[19] ENDO T, YABUZAKI T, KITANO M, et al. Frequency-Locking of a CW Dye Laser to the Center of the Sodium D Lines by a Faraday Filter[J]. IEEE Journal of Quantum Electronics, 1977, 13(10): 866-871.

[20] YEH P. Dispersive magnetooptic filters[J]. Applied Optics, 1982, 21(11): 2069-2075.

[21] YIN B, SHAY T M. Theoretical model for a Faraday anomalous dispersion optical filter[J]. Optics Letters, 1991, 16(20): 1617-1619.

[22] DICK D J, SHAY T M. Ultrahigh-noise rejection optical filter[J]. Optics Letters, 1991, 16(11): 867-869.

[23] YIN B, SHAY T M. Faraday anomalous dispersion optical filter for the Cs 455 nm transition[J]. IEEE Photonics Technology Letters, 1992, 4(5): 488-490.

[24] MATTHEWS L, SHAY T, GARCIA G. Incorporation of a FADOF to an ESPI system: Proceedings of SPIE Vol. 1821 (1992)[C], SPIE, 1992.

[25] WANNINGER P G, SHAY T M. Theoretical model for frequency locking a diode laser with a Faraday cell: Proceedings of SPIE Vol. 1634 (1992)[C], SPIE, 1992.

[26] YIN B, SHAY T M. A potassium Faraday anomalous dispersion optical filter: Proceedings of SPIE Vol. 1635 (1992)[C], SPIE, 1992.

[27] WANG Y, ZHANG X, WANG D, et al. Cs Faraday optical filter with a single transmission peak resonant with the atomic transition at 455 nm[J]. OPTICS EXPRESS, 2012, 20(23): 25817-25825.

[28] CHEN H, SHE C Y, SEARCY P et al. Sodium-vapor dispersive Faraday filter[J]. Optics Letters, 1993, 18(12): 1019-1021.

[29] FRICKE-BEGEMANN C, ALPERS M, HÖFFNER J. Daylight rejection with a new receiver for potassium resonance temperature lidars[J]. Optics Letters, 2002, 27(21): 1932-1934.

[30] YIN L, LUO B, CHEN Z, et al. Excited state Faraday anomalous dispersion optical filters based on indirect laser pumping[J]. Optics Letters, 2014, 39(4): 842-844.

[31] DUAN M, LI Y, TANG J et al. Excited state Faraday anomalous dispersion spec-

trum of rubidium[J]. Optics Communications, 1996, 127(4-6): 210-214.

[32] MENDERS J, BENSON K, BLOOM S H, et al. Ultranarrow line filtering using a Cs Faraday filter at 852 nm[J]. Optics Letters, 1991, 16(11): 846-848.

[33] YIN L, LUO B, DANG A,. An atomic optical filter working at 1.5 μm based on internal frequency stabilized laser pumping[J]. OPTICS EXPRESS, 2014, 22(7): 7416-7421.

[34] SUN Q, HONG Y, ZHUANG W, et al. Demonstration of an excited-state Faraday anomalous dispersion optical filter at 1529nm by use of an electrodeless discharge rubidium vapor lamp[J]. Applied Physics Letters, 2012, 101(21): 211102.

[35] VANIER J, AUDOIN C. The Quantum Physics of Atomic Frequency Standards [M]. Institute of Physics, 1989.

[36] FOOT C. Atomic Physics[M]. Oxford University Press, 2005.

[37] STECK D A. Cesium D Line Data[M]. University of Oregon, 1998.

[38] JENKINS F A. Fundamentals of Optics[M]. New York: McGraw-Hill Companies, Inc., 2001.

[39] LOUISELL W H. Quantum Statistical Properties of Radiation[M]. John Wiley & Sons, 1973.

[40] MANDEL L, E. W. Optical Coherence and Quantum Optics[M]. Cambridge University Press, 1995.

[41] COHEN-TANNOUDJI C. Atom-Photon Interactions[M]. Wiley-VCH, 1998.

[42] KRAMERS H A. La diffusion de la lumiere par les atomes [J]. Atti Congresso Internatzionale dei Fisici Como, 1927, 2: 545-557.

[43] KRONIG R D L. On the theory of dispersion of x-rays[J]. Journal of the Optical Society of America and Review of Scientific Instruments, 1926, 12: 547-557.

[44] BLOEMBERGEN N. Solid State Infrared Quantum Counters[J]. Physical Review Letters, 1959, 2(3): 84-85.

[45] GELBWACHS J A, KLEIN C, WESSEL J E. Infrared detection by an atomic vapor quantum counter[J]. IEEE Journal of Quantum Electronics, 1978, 14(2): 77-79.

[46] MARLING J B, NILSEN J, WEST L C. An ultrahighQ isotropically sensitive optical filter employing atomic resonance transitions[J]. Journal of Applied Physics, 1979, 50(2): 610-614.

[47] LIU C S, CHANTRY P J, CHEN C L. A 535 nm active atomic line filter employing the thallium metastable state as an absorbing medium: Proceedings of SPIE Vol. 709 (1986)[C], SPIE, 1986.

[48] GELBWACHS J A. Atomic resonance filters[J]. IEEE Journal of Quantum Electronics, 1988, 24(7): 1266-1277.

[49] GELBWACHS J A, CHAN Y C. Passive Fraunhofer-wavelength atomic filter at 422.7 nm[J]. Optics Letters, 1991, 16(5): 336-338.

[50] SHAY T M, CHUNG Y C. Ultrahigh-resolution, wide-field-of-view optical filter for the detection of frequency-doubled Nd: YAG radiation[J]. Optics Letters, 1988, 13(6): 443-445.

[51] CHUNG Y C, SHAY T M. Experimental demonstration of a diode laser-excited optical filter in atomic Rb vapor[J]. IEEE Journal of Quantum Electronics, 1988, 24(5): 709-711.

[52] WALTHER F G. Fast efficient Ca atomic resonance filter at 423 nm[J]. Optics Letters, 1992, 17(22): 1632-1634.

[53] CHAN Y C, TABAT M D, GELBWACHS J A. Experimental demonstration of internal wavelength conversion in the magnesium atomic filter[J]. Optics Letters, 1989, 14(14): 722-724.

[54] KOREVAAR E, RIVERS M, LIU C S. Imaging Atomic Line Filter For Satellite Tracking: Proceedings of SPIE Vol. 1059 (1989)[C], SPIE, 1989.

[55] GELBWACHS J A, CHAN Y C. Passive Fraunhofer-wavelength atomic filter at 460. 7 nm[J]. IEEE Journal of Quantum Electronics, 1992, 28(11): 2577-2581.

[56] CHAN Y C, GELBWACHS J A. A Fraunhofer-wavelength magnetooptic atomic filter at 422. 7 nm[J]. IEEE Journal of Quantum Electronics, 1993, 29(8): 2379-2384.

[57] JENKINS F A. Fundamentals of Optics[M]. New York: McGraw-Hill Companies, Inc., 2001.

[58] CAMM D M, CURZON F L. The Resonant Faraday Effect[J]. Canadian Journal of Physics, 1972, 50: 2866.

[59] ROBERTS G J, BAIRD P E G, BRIMICOMBE M W S M, et al. The Faraday effect and magnetic circular dichroism in atomic bismuth[J]. Journal of Physics B: Atomic, Molecular and Optical Physics, 1999, 13(7): 1389-1402.

[60] YEH P. Dispersive magnetooptic filters[J]. Applied Optics, 1982, 21(11): 2069-2075.

[61] CHEN X, TELEGDI V L, WEIS A. Magneto-optical rotation near the caesium D2 line(Macaluso-Corbino effect) in intermediate fields: I. Linear regime[J]. Journal of Physics B: Atomic and Molecular Physics, 1987, 20(21): 5653-5662.

[62] YING B, SHAY T M, Theoretical Model For A Faraday Anomalous Dispersion Optical Filter Operating At 423-nm: Lasers and Electro-Optics Society Annual Meeting, 1990. LEOS '90. Conference Proceedings[C], IEEE, 1990.

[63] ZENTILE M A, KEAVENEY J, WELLER L, et al. ElecSus: A program to calculate the electric susceptibility of an atomic ensemble[J]. Computer Physics Communications, 2015, 189: 162-174.

[64] YAWS C. The Yaws' Handbook of Vapor Pressure: Antoine Coefficients[M]. Elsevier Inc., 2015.

[65] AGNELLI G, CACCIANI A, FOFI M. The magneto-optical filter I: Preliminary

observations in Na D lines[J]. Solar Physics, 1975, 44: 509-518.

[66] SOROKIN P P, LANKARD J R, MORUZZI V L, et al. Frequency-locking of organic dye lasers to atomic resonance lines[J]. Applied Physics Letters, 1969, 15: 179-181.

[67] CHEN H, SHE C Y, SEARCY P, et al. Sodium-vapor dispersive Faraday filter [J]. Optics Letters, 1993, 18(12): 1019-1021.

[68] KIEFER W, L? W R, WRACHTRUP J D O R, et al. Na-Faraday rotation filtering: The optimal point[J]. Scientific Reports, 2014, 4: 6552.

[69] YIN B, SHAY T M. A potassium Faraday anomalous dispersion optical filter[J]. Optics Communications, 1992, 94(1-3): 30-32.

[70] DRESSLER E T, LAUX A E, BILLMERS R I. Theory and experiment for the anomalous Faraday effect in potassium[J]. Journal of the Optical Society of America B, 1996, 13(9): 1849-1858.

[71] JIA X, ZHANG Y, BI Y, et al, Potassium Faraday optical filter in line-center operation at 766 nm: Proceedings of SPIE Vol. 4223 (2000)[C], SPIE, 2000.

[72] DICK D J, SHAY T M. Ultrahigh-noise rejection optical filter[J]. Optics Letters, 1991, 16(11): 867-869.

[73] ZIELI SKA J A, BEDUINI F A, GODBOUT N, et al. Ultranarrow Faraday rotation filter at the Rb D1 line[J]. Optics Letters, 2012, 37(4): 524-526.

[74] MENDERS J, SEARCY P, ROFF K, et al. Ultra-narrow linefiltering using a Cs Faraday filter at 455 nm: International conference on laser '91[C], Springer, 1991.

[75] XUE X, PAN D, ZHANG X, et al. Faraday anomalous dispersion optical filter at 133Cs weak 459 nm transition[J]. Photonics Research, 2015, 3(5): 275-278.

[76] ENDO T, YABUZAKI T, KITANO M, et al. Frequency-locking of a CW dye laser to absorption lines of neon by a Faraday filter[J]. IEEE Journal of Quantum Electronics, 1978, 14(12): 977-982.

[77] YAMAMOTO M, MURAYAMA S. Analysis of resonant Voigt effect[J]. Journal of the Optical Society of America, 1979, 69: 781-786.

[78] ROTONDARO M D, ZHDANOV B V, KNIZE R J. Generalized treatment of magneto-optical transmission filters[J]. Journal of the Optical Society of America B, 2015, 32(12): 2507-2513.

[79] MENDERS J, SEARCY P, ROFF K, et al. Blue cesium Faraday and Voigt magneto-optic atomic line filters[J]. Optics Letters, 1992, 17(19): 1388-1390.

[80] 王江波,汤段李. 佛克脱反常色散原子滤光器工作机理研究[J]. 光学学报, 2001, 21(3): 357-362.

[81] MURPHY N, SMITH E, RODGERS W and JEFFERIES S, Chromospheric Observations in the Helium 1083 nm Line-a New Instrument: ESA SP-592[C], ESA, 2005.

[82] 汤俊雄, 刘璐, 王江波, 等. 无线光通信系统中佛克脱原子滤光器技术研究[J]. 光

电子.激光，2001，12(11)：1119-1122.

[83] ZENTILE M A，KEAVENEY J，MATHEW R S，et al. Optimization of atomic Faraday filters in the presence of homogeneous line broadening[J]. Journal of Physics B：Atomic，Molecular and Optical Physics，2015，48：185001.

[84] WANG Y，ZHANG X，WANG D，et al. Cs Faraday optical filter with a single transmission peak resonant with the atomic transition at 455 nm[J]. OPTICS EXPRESS，2012，20(23)：25817-25825.

[85] WANG Y，ZHANG S，WANG D，et al. Nonlinear optical filter with ultranarrow bandwidth approaching the natural linewidth[J]. Optics Letters，2012，37(19)：4059-4061.

[86] BILLMERS R I，GAYEN S K，SQUICCIARINI M F，et al. Experimental demonstration of an excited-state Faraday filter operating at 532 nm[J]. Optics Letters，1995，20(1)：106-108.

[87] DUAN M，LI Y，TANG J，et al. Excited state Faraday anomalous dispersion spectrum of rubidium[J]. Optics Communications，1996，127(4-6)：210-214.

[88] ZHANG L，TANG J. Experimental study on optimization of the working conditions of excited state Faraday filter[J]. Optics Communications，1998，152(4-6)：275-279.

[89] POPESCU A，WALLDORF D，SCHORSTEIN K，et al. On an excited state Faraday anomalous dispersion optical filter at moderate pump powers for a Brillouin-lidar receiver system[J]. Optics Communications，2006，264(2)：475-481.

[90] POPESCU A，WALTHER T. On an ESFADOF edge-filter for a range resolved Brillouin-lidar：The high vapor density and high pump intensity regime[J]. Applied Physics B，2010，98(4)：667-675.

[91] RUDOLF A，TALLUTO V，WALTHER T. A Brillouin lidar for remote sensing of the temperature profile in the ocean：Towards the laboratory demonstration：2012 Oceans - Yeosu[C]，IEEE，2011.

[92] YIN L，LUO B，DANG A，et al. An atomic optical filter working at 1.5 μm based on internal frequency stabilized laser pumping[J]. OPTICS EXPRESS，2014，22(7)：7416-7421.

[93] YIN L，LUO B，XIONG J，et al. Tunable rubidium excited state Voigt atomic optical filter[J]. OPTICS EXPRESS，2016，24(6)：6088-6093.

[94] YIN L，LUO B，CHEN Z，et al. Excited state Faraday anomalous dispersion optical filters based on indirect laser pumping[J]. Optics Letters，2014，39(4)：842-844.

[95] GAYEN S K，BILLMERS R I，CONTARINO V M，et al. Induced-dichroism-excited atomic line filter at 532 nm[J]. Optics Letters，1995，20(12)：1427-1429.

[96] HE Z，ZHANG Y，WU H，et al. Theoretical model for an atomic optical filter based on optical anisotropy[J]. Journal of the Optical Society of America B，2009，

26(9): 1755-1759.

[97] TURNER L D, KARAGANOV V, TEUBNER P J O, et al. Sub-Doppler bandwidth atomic optical filter[J]. Optics Letters, 2002, 27(7): 500-502.

[98] HE Z, ZHANG Y, LIU S, et al. Transmission characteristics of an excited-state induced dispersion optical filter of rubidium at 775.9 nm[J]. Chinese Optics Letters, 2007, 5(5): 252-254.

[99] LUO B, YIN L, XIONG J, et al. Induced-dichroism-excited atomic line filter at 1529 nm[J]. (in submission), 2018.

[100] CER A, PARIGI V, ABAD M, et al. Narrowband tunable filter based on velocity-selective optical pumping in an atomic vapor[J]. Optics Letters, 2009, 34(7): 1012-1014.

[101] LIU S, ZHANG Y, WU H, et al. Ultra-narrow bandwidth atomic filter based on optical-pumping-induced dichroism realized by selectively saturated absorption[J]. Optics Communications, 2012, 285(6): 1181-1184.

[102] PAN D, XUE X, SHANG H, et al. Hollow cathode lamp based Faraday anomalous dispersion optical filter[J]. Scientific Reports, 2016, 6: 29882.

[103] SUN Q, ZHUANG W, LIU Z, et al. Electrodeless-discharge-vapor-lamp-based Faraday anomalous-dispersion optical filter[J]. Optics Letters, 2011, 36(23): 4611-4613.

[104] SUN Q, HONG Y, ZHUANG W, et al. Demonstration of an excited-state Faraday anomalous dispersion optical filter at 1529nm by use of an electrodeless discharge rubidium vapor lamp[J]. Applied Physics Letters, 2012, 101(21): 211102.

[105] XUE X, TAO Z, SUN Q, et al. Faraday anomalous dispersion optical filter with a single transmission peak using a buffer-gas-filled rubidium cell[J]. Optics Letters, 2012, 37(12): 2274-2276.

[106] XIONG J, LUO B, YIN L, et al. Characteristics of Ar and Cs Mixed Faraday Optical Filter Under Different Signal Powers[J]. IEEE Photonics Technology Letters, 2018, 30(8): 716-719.

[107] LUO B, YIN L, XIONG J, et al. Signal intensity influences on the atomic Faraday filter[J]. Optics Letters, 2018, 43(11): 2458-2461.

[108] WU K, FENG Y, LI J, et al. Demonstration of a mid-infrared NO molecular Faraday optical filter[J]. OPTICS EXPRESS, 2017, 25(25): 30916-30930.

[109] CHANG P, PENG H, ZHANG S, et al. A Faraday laser lasing on Rb 1529 nm transition[J]. Scientific Reports, 2017, 7(1): 8995.

[110] CHEN H, WHITE M A, et al. Daytime mesopause temperature measurements with a sodium-vapor dispersive Faraday filter in a lidar receiver[J]. Optics Letters, 1996, 21(15): 1093-1095.

[111] FRICKE-BEGEMANN C, ALPERS M, HÖFFNER J. Daylight rejection with a new receiver for potassium resonance temperature lidars[J]. Optics Letters,

2002, 27(21): 1932-1934.

[112] SHAN X, SUN X, LUO J, et al. Free-space quantum key distribution with Rb vapor filters[J]. Applied Physics Letters, 2006, 89(19): 191121.

[113] LIU X-F, CHEN X-H, YAO X-R, et al. Lensless ghost imaging with sunlight [J]. Optics Letters, 2014, 39(8): 2314-2317.

[114] ULHAQ A, WEILER S, ULRICH S M, et al. Cascaded single-photon emission from the mollow triplet sidebands of a quantum dot[J]. Nature Photonics, 2012, 6: 238-242.

[115] SIMONE LUCA PORTALUPI, MATTHIAS WIDMANN, CORNELIUS NAWRATH, et al. Simultaneous Faraday filtering of the Mollow triplet sidebands with the Cs-D1 clock transition [J]. Nature Communications, 2016, 7: 13632.

[116] ZENTILE M A, KEAVENEY J, MATHEW R S, et al. Optimization of atomic Faraday filters in the presence of homogeneous line broadening[J]. Journal of Physics B: Atomic, Molecular and Optical Physics, 2015, 48: 185001.

[117] ZENTILE M A, KEAVENEY J, WELLER L, et al. ElecSus: A program to calculate the electric susceptibility of an atomic ensemble[J]. Computer Physics Communications, 2015, 189: 162-174.

[118] KEAVENEY J, HAMLYN W J, ADAMS C S, et al. A single-mode external cavity diode laser using an intra-cavity atomic Faraday filter with short-term linewidth <400 kHz and long-term stability of <1 MHz[J]. Review of Scientific Instruments, 2016, 87(9): 095111.

[119] DABROWSKI M, CHRAPKIEWICZ R, WASILEWSKI W. Magnetically tuned, robust and efficient filtering system for spatially multimode quantum memory in warm atomic vapors[J]. Journal of Modern Optics, 2016, 63(20): 2029-2038.